Yvan Cam
Respira

**50 ejercicios
para recuperar la calma y la serenidad**

Traducción del francés de Miguel Portillo

Título original en francés: GÉRER SON STRESS AVEC LA RESPIRATION
by Yvan Cam
© 2023, Éditions Solar
un sello de Édi8, París, Francia

© de la edición española:
2024 by Editorial Kairós, S.A.
www.editorialkairos.com

Traducción del francés al español: Miguel Portillo
Revisión: Alicia Conde

Primera edición: Junio 2024
ISBN: 978-84-1121-244-1
Depósito legal: B 4.035-2024

Fotocomposición: Florence Carreté
Diseño cubierta: Editorial Kairós
Imagen cubierta: Tuyen Vu

Impresión y encuadernación: Índice. 08040 Barcelona

Todos los derechos reservados. No está permitida la reproducción total ni
parcial de este libro, ni la recopilación en un sistema informático, ni la
transmisión por medios electrónicos, mecánicos, por fotocopias, por registro o por otros
métodos, salvo de breves extractos a efectos de reseña,
sin la autorización previa y por escrito del editor o el propietario del *copyright*.

Respira

SUMARIO

Preámbulo de Isabel Sales Mayor 13
Prefacio de Philippe Pencalet 17
Prólogo 25

Introducción 29
  **Entendamos el estrés
    examinando la historia de su estudio** 29

  Los mecanismos de la respuesta al estrés 38
    El eje hipotálamo-hipófisis-suprarrenal (HPA) 39
    El sistema nervioso simpático 43
    El nervio vago 45

  **Fuentes de estrés y sus mecanismos
  de influencia** 47
    El papel de la memoria y la imaginación 48
    El papel de los músculos, los tejidos
    y la somatización 49
    El papel del sistema nervioso autónomo 51

Las diferentes situaciones de estrés 53
  Estrés anticipatorio 53
  Estrés operativo 54
  La recuperación 56
  Estrés crónico 57

**¿Por qué abordar el estrés
usando la respiración?** 58

I. Ejercicios clásicos de respiración para controlar el estrés 61
Los ejercicios más conocidos y cómo aplicarlos . . . 61
  Relajarse y respirar 62
  Respiración consciente 63
  Respiración abdominal 65
  Respiración inversa 66
  Coherencia cardíaca 68
  Apnea con los pulmones llenos de aire 69
  Respiración del suspiro 70
  Contraer y soltar en apnea 71
  Contraer y soltar en movimiento 72
  Respiración cuadrada 73
  El 2/6 75
  El 3/3/6/3 76
  El 4/7/8 77
  Escáner corporal 78
  Respiración alterna 79
  Respirar caminando 81
  La respiración de la abeja 82
  El sonido «*Om*» 84

Razones de una eficacia limitada 85
   El problema de aguantar mucho la respiración . . . 87
   El problema de una mala mecánica respiratoria . . . 89
   El problema de un tono vagal demasiado débil . . . 90
   El problema de un sistema emocional hiperactivo . . 91
   El problema de una mente hiperactiva 91

¿Cómo podemos aprovechar al máximo estas técnicas? 92

II. ¿Por qué necesitamos un enfoque global del estrés? 95
Redescubrir un cuerpo capaz de transformarse . . . 97
   Relajar el cuerpo 98
   Relajar la mente 104

Reconocer y prestar atención a la aparición del estrés 107
   ¿Cómo se manifiesta el estrés en el cuerpo? 108
   Cómo neutralizar el estrés 111

Comprender tus valores y adaptarlos 116
   El estado del trabajo profundo 118
   Hacer listas de situaciones o cosas estresantes
   cada día 119
   El árbol de los porqués 121

III. La gestión de las emociones 125
Las emociones y el estrés 126

La somatización emocional 127

La rueda de las emociones 129

Herramientas de gestión emocional 134
   El miedo 134
   La ira 136
   La tristeza 136
   La excitación 137

IV. Programa REBO2T ZEN de tres meses 141
**Primer mes: recuperar la calma
de forma ocasional** 142

**Segundo mes: reconocer el estrés
y sus manifestaciones para gestionarlo
conscientemente** 145

**Tercer mes: reajustar tu relación con los factores
estresantes y convertirte en resiliente** 148

V. Higiene antiestrés 153
Ejercicios de mantenimiento 153
   Temblor 154
   Las cuatro respiraciones 155
   La coherencia cardíaca 155

Ejercicios de adaptación al estrés operativo 156
   Respiración de anclaje 157

Respiración rítmica 158
Respiración explosiva 159
Vincular 160

Ejercicios de relajación 161
Apnea tras la inspiración y respiración explosiva . . . 162
Hiperventilaciones 162
Visualizar la oleada de reposo 164

**Ejercicios de para seguir mejorando
nuestra respiración** 164
La respiración natural 165
2/6 y 6/2 166
Meditar visualizando la respiración 168

Epílogo 171
Bibliografía 175

PREÁMBULO

SABER QUE EL CUERPO Y SUS TENSIONES SON una causa del estrés crónico no sólo me resultó de gran interés, sino que me reveló un nuevo itinerario hacia la comprensión y resolución del estrés. Y fue entonces cuando entendí que la respiración es la clave.

El estrés se da ante cualquier situación que altera nuestro equilibrio y obliga al organismo a encontrar los recursos para recuperar el estado de equilibrio inicial. Bien visto es un gran aliado, hace aflorar nuestros más eficientes y, a veces, desconocidos recursos.

Pero en estas páginas no hablaremos del estrés positivo, ese que sirve de potenciador y detonador de los recursos de nuestra increíble maquinaria humana, sino que trataremos de comprender por qué tener un pobre conocimiento sobre nosotros mismos nos lleva a acumular muchas dosis de estrés crónico que se instaura en las entrañas de nuestras fascias, músculos y tendones.

Y digo pobre conocimiento de nosotros mismos porque es la clave a la que nos lleva magistralmente el autor de este libro, el doctor en Biología y profesor de técnicas de ataque y defensa de origen oriental Yvan Cam.

A través de una estrategia práctica bien nutrida por un razonamiento científico y una validación empírica que surge de las artes marciales, este libro permite obtener unos resultados perdurables.

Treinta minutos al día durante tres meses son suficientes para generar cambios sustanciales en las tensiones multidimensionales que mantienen el estrés crónico. Una vez alcanzado ese dominio de sí mismo, una pequeña práctica regular será suficiente para mantener el nuevo hábito de no acumular estrés.

Y para llevar a cabo este proceso, nuestro cayado es la respiración consciente. Esta función fisiológica es la única que puede ser dirigida de manera voluntaria y automática, el único medio que el ser humano posee para decidir abrir un puente entre su parte consciente e inconsciente.

Existe una relación matemática entre emociones, cuerpo y respiración.

Nuestra atmósfera emocional recurrente imprime unas huellas en nuestro cuerpo, que afectan a nuestra postura y, en consecuencia, a nuestro patrón respiratorio.

Muchas disciplinas corporales estudian esta relación, en mi recorrido como fisioterapeuta especializada en el concepto de cadenas musculares de Godeliev Denys-Struyf, he podido verificarlo en mí misma y en mis pacientes.

Hoy se sabe que la emoción se somatiza en el cuerpo y que el ciclo respiratorio se hace eco de ello, pero se tiene menos en cuenta el hecho de que una postura corporal o un patrón respiratorio puedan causar un patrón emocional.

Por ello y, volviendo al inicio de este preámbulo, también una tensión muscular mantenida dará lugar a una tensión emocional y a una alteración en el ciclo respiratorio, y si no se resuelven y liberan para recuperar el equilibrio, se acumulan y dan lugar a estrés crónico. Es decir, el estrés crónico es sencillamente tensión emocional y corporal acumulada con un reflejo en el patrón respiratorio automático, a menudo en forma de microapneas e hiperventilacion crónica.

En el mapa corporal de las emociones del profesor e investigador de neurociencia Lauri Nummenmaa, se observó que una emoción de miedo estaba relacionada con una activación del tono del músculo psoas y tensor de la fascia lata. Pero también una posición sedentaria prolongada, tan habitual en nuestro entorno laboral, dará lugar a una tensión en el psoas, lo que con el tiempo generará una tensión emocional en forma de miedo y un ciclo respiratorio con un pobre recorrido.

Una respiración consciente, utilizada según el modelo bien argumentado aquí propuesto, va a ofrecer la posibilidad de liberarse de esas tensiones inútiles y sobre todo de no acumularlas más. Las tensiones musculares-emocionales escondidas seguirán dominando al sujeto y agitando el pensamiento. No es porque no queramos verlas que desaparece su dominación. Hay que tomar conciencia de ellas, identificarlas y aplicar la respiración consciente que es la que nos hace salir de esa espiral.

El método REBO$_2$T en su vertiente de regulación del estrés propone una serie de técnicas de respiración consciente (basadas en artes marciales y razonamiento científico). El plan de ataque es sencillo y poderoso. Estas técnicas de respiración consciente ayudarán en tres fases en este proceso.

En la primera fase, ayudarán a liberar el cuerpo de las tensiones acumuladas, ya que es imposible calmar el espíritu o cuerpo emocional si el cuerpo físico sigue tenso y con bloqueos. Pero, atención, ocuparse sólo del cuerpo no tendrá un efecto duradero, aunque sí es el punto de partida para lograrlo gracias a las siguientes dos fases.

En una segunda fase, las técnicas propuestas servirán para aprender a reconocer los signos de estrés corporal, y para poder liberarnos de él cuando ya no nos resulte útil, a fin de evitar que se acumule inútilmente.

Y en una tercera fase interesa el espíritu, así que hemos de trabajar las creencias y el impacto emocional que generan, lo cual está íntimamente relacionado con el estrés.

Al final de esta práctica llegaremos a tener el estrés bajo control.

El método REBO2T es una reinicialización, una propuesta para una profunda reestructuración del cuerpo, las emociones y el espíritu a través de la respiración consciente. Desembarazarse de lo antiguo, desaprender lo que no nos funciona y entregarnos a una nueva relación con nuestra respiración consciente, ese es el objetivo de este método.

ISABEL SALES MAYOR
Fisioterapeuta especializada en cadenas musculares GDS, máster en dolor crónico y en uroginecología. Instructora y representante del método REBO2T en España

PREFACIO

DESDE WILLIAM JAMES HASTA ANTONIO DAMASIO, nadie ha sido capaz de concebir una emoción sin expresión corporal. La mayoría de nuestros pensamientos, sentimientos y acciones ocurren inconscientemente en el cuerpo a través de procesos bioquímicos, neuronales, metabólicos, vegetativos y biomecánicos. Y la respiración desempeña un papel clave en todo esto. La respiración es la única función fisiológica que es a la vez voluntaria y automática, por lo que es la interfaz perfecta entre el cuerpo, las emociones y la mente. El ciclo respiratorio no sólo está influido por las emociones, sino que también actúa sobre ellas en una relación bidireccional entre cuerpo y mente. Este control de nuestra respiración nos permite recuperar el equilibrio ante situaciones estresantes, ya sean externas o internas, a nivel físico, mental y emocional. La respiración contribuye a nuestra salud de formas que van mucho más allá de nuestro conocimiento explícito de cómo funciona el cuerpo humano.

Reiniciar..., un *reset*. Un proceso ascendente que reactiva los patrones motores y de pensamiento. La teoría del sistema límbico como centro de las emociones es simple de entender. Pero es errónea en el sentido de que es una teoría de la topografía, del centro nervioso, que se está disipando con el descubrimiento de las redes neuronales. En realidad, la arquitectura de estas redes muestra que están conectadas muy lejos en la periferia, lo que significa que tenemos que repensar el concepto del cerebro de las emociones para incluir los tejidos musculares conectivos y viscerales. El componente corporal de las emociones es mucho más poderoso que el componente cognitivo. Varios estudios con resonancia magnética funcional del cerebro han concluido que, durante un acontecimiento emocional, las respuestas corporales inducidas por el sistema nervioso autónomo preceden a la sensación de las emociones en sí.

El estrés incontrolado tiene efectos a largo plazo que afectan a la calidad de vida y la salud. El ser humano es el único mamífero capaz de soportar el estrés durante varias décadas, y sus estrategias de adaptación pasan sobre todo por la mente. Los territorios corporales dejados al margen de la consciencia, la respiración y el movimiento se congelan y se disocian. En los animales, en cambio, comportamientos de huida o lucha vuelven muy rápidamente a la normalidad, y esta capacidad de adaptarse con rapidez pasa a través del cuerpo.

Un número creciente de argumentos neurocientíficos defienden una psicología somática. La amígdala desempeña un papel central en el miedo y la agresividad, y contiene la memoria inconsciente de las emociones. Se manifiesta a través de respuestas corporales como aceleración del ritmo cardíaco, liberación de hormonas del estrés, aumento de la presión sanguínea y contracción muscular. El hipocampo almacena la memoria consciente de las situaciones peligrosas, así como estrategias para escapar. Si la carga emocional es fuerte, el recuerdo se memorizará profundamente, y con la activación de la amígdala se refuerza la del hipocampo. Veamos cómo se relacionan la amígdala, la emoción y la respiración. La amígdala genera una actividad eléctrica específica que provoca la ansiedad vinculada a la respiración. Está conectada a muchas partes del cerebro, incluida la sustancia gris periacueductal (SGPA). La SGPA lateral está implicada en las reacciones de huida o lucha, con un aumento de la frecuencia respiratoria, y es responsable de la sensación de falta de aire. La activación de la SGPA ventromedial provoca reacciones somatomotoras (inmovilización o «congelación») y viscerales (respiración lenta, disnea, ralentización de la frecuencia cardíaca debida al nervio vago no mielinizado, analgesia). La SGPA integra la percepción de la amenaza con los mecanismos de control de la respiración. Está estrechamente vinculada al generador bulbar de la respiración, y se han identificado grupos de células inspiratorias y espiratorias. Podemos observar que, a través de esta estructura, existe un punto de convergencia entre la respiración y la gestión del estrés, las emociones y el dolor. Al mismo tiempo, la ínsula recibe información de las estructuras internas del cuerpo, incluidos músculos, articulaciones y vísceras, lo que contribuye a la forma en que sentimos físicamente las emociones.

La respiración y las emociones también están asociadas con el sistema nervioso parasimpático. Actualmente se acepta que este sistema desempeña un papel regulador en la reactividad y la vulnerabilidad al estrés. La vulnerabilidad crónica al estrés se caracteriza por un descenso prolongado del tono parasimpático, vagal (no necesariamente acompañado de una reacción simpática). Las estrechas conexiones del nervio vago ejercen una poderosa influencia sobre las emociones y la cognición. Un tono vagal elevado se asocia con una mejor regulación emocional, mejores relaciones sociales y una mayor capacidad para afrontar el estrés, un estado de ánimo más positivo y mayores capacidades cognitivas, como la atención, la memoria de trabajo y la velocidad de ejecución. Desde el punto de vista anatómico, las neuronas vagales cardíacas (mielinizadas) del núcleo ambiguo están muy próximas a las neuronas implicadas en la respiración. Regulan la función cardíaca sincronizándola con el ciclo respiratorio. Así, cuando la frecuencia respiratoria disminuye, la actividad vagal aumenta automáticamente. En las personas que sufren trastornos emocionales, este mecanismo central de activación de la respiración está desregulado, pero mediante el entrenamiento en ciertos patrones respiratorios específicos descritos en este libro, podemos restablecer el mecanismo reforzando el tono vagal. El ejercicio regular es otra forma de reducir el estrés modulando la reactividad de la amígdala. La contracción muscular provoca cambios en la homeostasis, promoviendo a su vez respuestas adaptativas, aumentando la resiliencia general al estrés y evitando la activación del estado emocional negativo cuando se rememoran recuerdos dolorosos. La modificación de las emociones mediante el cambio de los patrones respiratorios abre un amplio abanico de aplicaciones, que se detallan en este libro.

A medida que avanzamos hacia la desmedicalización de la salud, la respiración se está convirtiendo en algo esencial. Modifica las conexiones neuronales implicadas en la reacción al estrés. Las posturas sentadas prolongadas y las microapneas generan una tensión mental y física considerable, sin que seamos conscientes de ello. Trabajando la respiración, el movimiento y la postura correcta, podemos evitar que las señales de estrés lleguen al cerebro. Rápidos, profundos, duraderos, eficaces. Éstos son los adjetivos que describen los cambios logrados gracias al método de respiración REBO2T. El autor explica brillantemente cómo la respiración es el vínculo esencial entre el cuerpo y la mente, y que, sin una respiración adecuada, es imposible mantener una estabilidad física y emocional a largo plazo. Nuestras emociones moldean nuestra postura, y a su vez nuestra postura genera emociones, y es el eje de la respiración el que lo mantiene todo unido. Es imposible calmar la mente y equilibrar las emociones si el cuerpo está tenso y bloqueado, porque existe una correspondencia casi perfecta entre las tensiones en la mente y las tensiones en el cuerpo. El dolor muscular tiene un equivalente mental. Comprender esto es mucho más importante de lo que podríamos imaginar. En este enfoque mente-cuerpo, no se trata de aprender nuevas técnicas, sino de optimizar la respiración para desaprender patrones motores y posturales indeseables, y liberar el cuerpo y la mente de tensiones, miedos, reacciones incontroladas y bloqueos acumulados. Y es difícil porque un adulto no está acostumbrado a ir hacia atrás. Aprender algo nuevo siempre es más fácil que deshacerse de lo viejo.

Muchas terapias que se centran en las emociones y la psicología no se dan cuenta de que sus beneficiosos efectos son temporales. No liberan las tensiones profundas e inconscientes del cuerpo, que son las que se ignoran por completo. Esto seguirá siendo así mientras el cuerpo, a través de la respiración, quede excluido del espacio terapéutico. Mientras tanto, las tensiones ocultas seguirán dominando al sujeto, alterando su fisiología, modificando su postura, agitando sus pensamientos. No creer no cambiará nada. Nadie puede escapar de las tensiones del cuerpo a menos que se haga consciente de ellas, porque no ser consciente es una forma de que esas tensiones persistan. No obstante, no basta con ser consciente. Es a través de la respiración como podemos salir de esta espiral. Tenemos que aceptar esta verdad. No es sólo psicología positiva lo que necesitamos desarrollar, también son las habilidades de resolución de problemas que implican el cuerpo y la respiración. La acción no es reflexión. Hay que abandonar las teorías y la abstracción y concentrarse en la práctica. Sin embargo, esto no significa acumular técnicas. El libro de Yvan Cam acelera realmente el proceso de aprender a respirar, porque ofrece una visión global y un sistema coherente validados desde hace años en las artes marciales, el deporte y la salud física y emocional. El problema de muchas técnicas de gestión del estrés es la falta de retroalimentación cuantificable y de evaluación del progreso y de la eficacia de la técnica utilizada. Los criterios objetivos del método REBO2T, así como los beneficios concretos que se obtienen rápidamente, refuerzan el compromiso. Este aspecto motivacional es decisivo para que las personas cumplan el programa de respiración. Para los que tienen dificultades para adherirse al enfoque psicológico y no les es fácil verbalizar sus emociones, este método de trabajo que utiliza la respiración y el cuerpo les resultará más accesible y favorecerá en ellos una mayor adhesión.

Notablemente eficaz, el método REBO2T ofrece una perspectiva de 360° sobre la fisiología, desde lo somático hasta lo espiritual. Permite una reestructuración profunda del cuerpo y de la mente. Todos mis pacientes que lo utilizan pueden dar fe de ello, ya que arroja nueva luz sobre los mecanismos de somatización. La primera etapa de este trabajo consiste en identificar y reconocer los propios miedos. Es increíblemente difícil admitir que se tiene miedo, y muy pocas personas son capaces de tal honestidad. Cuando la mente se concentra en gestionar la respiración, ya no está disponible para alimentar el miedo. Entonces, mediante el trabajo regular de la respiración y el movimiento, cada capa de miedo y tensión innecesaria se elimina del cuerpo y la mente, creando espacios adicionales de libertad y felicidad. Una vez integrado, con cada ciclo de inspiración y espiración, miles de veces al día, liberarás automáticamente la tensión muscular relacionada con el estrés, mejorarás tu postura y fisiología y armonizarás tus emociones. El programa de respiración REBO2T es cada vez más popular entre el público en general y los profesionales. Sus ejercicios respiratorios lo han establecido definitivamente como un importante actor en la relación cuerpo-mente. Abren perspectivas prometedoras como complemento a los tratamientos de patologías físicas y mentales.

Nos han dicho que tenemos todos los recursos dentro de nosotros, pero nadie nos ha explicado cómo acceder a ellos. Hay que estar dispuesto a trabajar para relajar el cuerpo mediante la respiración, para conseguir calmar la mente a través de calmar el cuerpo.

El libro de Yvan está aquí para ayudarte.

Philippe Pencalet
Neurocirujano,
doctor en neurociencias,
instructor de REBO2T

PRÓLOGO

HOY EN DÍA, MUCHOS DE NOSOTROS DORMIMOS MAL. Nos sentimos cansados. Queremos hacer más y más, cada vez más rápido, sin parar nunca. Muchos de nosotros estamos «quemados», una enfermedad casi desconocida hace cincuenta años, sufrimos enfermedades nuevas, extrañas y mal definidas, mientras que los infartos y los cánceres afectan a casi todo el mundo en algún momento. Por no hablar de los trastornos musculoesqueléticos; es evidente que a los fisioterapeutas no les va a faltar el trabajo. Existen muchas causas que pueden explicar esta situación, pero ¿es posible establecer una causalidad directa? ¿Puede un exceso de trabajo provocar un infarto?

De hecho, existe un vínculo entre todos estos problemas. Una respuesta fisiológica a la adaptación que nos permite sobrevivir, pero que, cuando está fuera de control, puede hacer que nuestro organismo se descontrole, dando lugar a todo ese tipo de problemas. Este vínculo es el estrés.

El estrés no es precisamente desconocido para el gran público. Es un tema que se ha tratado innumerables veces y que todo el mundo intenta prevenir o gestionar mejor. Entonces, ¿por qué escribir otro libro sobre el tema? Hay varias razones. El estrés suele abordarse a través del prisma de la psicología, y con razón. La psicología aporta su propio conjunto de estrategias y técnicas para afrontar el estrés. Pero el estrés, a pesar de su componente psicológico, es ante todo un proceso físico. Por tanto, cabe pensar en él desde un punto de vista físico, corporal y mecánico. Sobre todo, es interesante considerar una visión global del estrés y su impacto en la salud, para que podamos prevenirlo o afrontarlo mejor.

¿Y qué mejor manera de hacerlo que a través de la respiración? La respiración afecta al sistema nervioso, al sistema hormonal, a la biomecánica e incluso al sistema inmunitario. Así que un enfoque basado en la respiración nos permite trabajar todos estos aspectos a la vez, proporcionando una visión holística de la gestión del estrés.

Por supuesto, a menudo se habla de la respiración para gestionar el estrés; por ejemplo, tras una oleada de estrés, recuperamos el aliento o ralentizamos la respiración para calmarnos. Sin embargo, el uso de la respiración para calmarnos suele limitarse a trabajar sobre el sistema nervioso autónomo, pero este enfoque puede resultar ineficaz por razones que se explicarán más adelante en el libro.

Una vez destacado el valor de volver a abordar el tema del estrés a través del prisma de la respiración, veamos el propósito de este libro. Mi objetivo es ofrecer un enfoque funcional de la gestión del estrés utilizando la respiración en muchas formas diferentes. No sólo voy a enseñarte a controlar tu estrés, sino también a actuar sobre distintos aspectos de tu salud general modificando tu respiración. Al fin y al cabo, si tu respiración puede cambiar tu forma de funcionar, cualquier problema de salud puede afectar a tu respiración y tener efectos nocivos.

¿No es una digresión interesarse por la salud en general cuando el tema es el estrés? Pues no, porque el estrés afecta a toda nuestra salud y viceversa, nuestra salud en su conjunto influye en nuestro nivel de estrés. Así que tiene sentido abordar el problema de forma holística.

Para ello, este libro se dividirá en varias partes. La primera parte expondrá el marco teórico sobre el que se construye esta metodología. En ella se abordarán cuestiones como: qué es el estrés, cómo funciona, cuáles son los factores desencadenantes conocidos y menos conocidos, y cómo puede actuar la respiración sobre estos mecanismos. Todos estos elementos son importantes para comprender por qué utilizamos la metodología que aquí se propone.

La segunda parte tratará de los métodos clásicos de respiración para la gestión del estrés. Descubrirás que hay muchos, pero que estos necesitan elementos adicionales para tener un efecto duradero.

La tercera parte mostrará cómo prepararse de forma eficaz para trabajar el estrés con nuestra metodología. Finalmente, la última parte detallará cómo reunir todos estos elementos para dejar de estar sometidos al estrés en tan sólo tres meses.

¿Cómo puedes utilizar este libro? Si quieres entender por qué te afecta el estrés y cómo nuestra metodología puede ayudarte, simplemente sigue el texto. Si buscas una solución específica a un problema concreto, puedes elegir de la lista de la segunda parte, pero ten en cuenta que el efecto será limitado y puntual. Si quieres tener una respuesta duradera al estrés, sigue el programa general de tres meses, haciendo referencia a los ejercicios recomendados.

Toda la metodología utilizada en este libro procede del método REBO2T. Este método, basado en el trabajo de la respiración, permite influir en el cuerpo como un todo. Describí los orígenes de este método en el libro *La Maîtrise du Souffle*. Así que el estrés entra naturalmente en el ámbito de este método. Si quieres saber más sobre la respiración y su base biológica, te recomiendo que continúes leyendo. En este libro sobre la gestión del estrés, me limitaré a explicar los conceptos básicos necesarios para comprender este método.

Dicho esto, pasemos al meollo de la cuestión. Espero que disfrutes con la lectura y, sobre todo, espero que disfrutes con la práctica de los ejercicios.

INTRODUCCIÓN

EN MI OPINIÓN, ES ESENCIAL COMPRENDER EL ESTRÉS si queremos cambiar nuestra relación con él. Esta comprensión nos permite saber con precisión qué debemos hacer para controlarlo. Paradójicamente, aunque todo el mundo experimenta estrés, los factores desencadenantes no siempre son los que imaginamos. Es más, las reacciones al estrés suelen ser menos evidentes de lo que generalmente pensamos. Por eso vamos a explorar juntos lo que realmente sabemos sobre el estrés.

ENTENDAMOS EL ESTRÉS EXAMINANDO LA HISTORIA DE SU ESTUDIO

Cuando hablo de estrés, mis interlocutores suelen remitirme al campo de la psicología. Sin embargo, fue en el campo de la biología donde el estrés fue descrito por primera vez por científicos de renombre. En *El origen de las especies*, Darwin escribió que sólo sobreviven los organismos capaces de adaptarse a un entorno cambiante. Claude Bernard, médico y fisiólogo francés, explicó en su *Introduction à l'étude de la médecine expérimentale* (Introducción al estudio de la medicina experimental) que un organismo puede adaptarse a un entorno cambiante manteniendo su «entorno interno» estable y constante (Bernard, 1898). Walter B. Cannon definió el concepto de homeostasis basándose en la teoría de Claude Bernard.

En su libro *The Wisdom of the Body*, Cannon describe el primer concepto de esta adaptación como la respuesta al estrés (Cannon, 1932). Esta respuesta se basa en reacciones biológicas y en el papel de las hormonas, que estaban empezando a investigarse en aquella época. Realizó experimentos estudiando la fisiología de los soldados en un estado de shock conocido en la época como «neurosis de guerra», que afectaba a alrededor del 10% de los soldados (Mitchell, 1931). En el curso de sus observaciones, constató que las propiedades de la circulación sanguínea cambiaban en estos soldados tras una experiencia traumática. Propuso así la definición de shock traumático y sugirió que las hormonas tenían un papel importante en esta respuesta introduciendo la idea de un sistema «simpático-adrenérgico».

En resumen, en esta etapa, según los trabajos de Darwin, Claude Bernard y Cannon, todos los organismos están sometidos a cambios permanentes que generan tensiones en su medio interno. Para sobrevivir, el organismo debe ser capaz de mantener su homeostasis. Para lograrlo, se induce la respuesta al estrés.

La respuesta al estrés es, por tanto, el mecanismo de adaptación a los cambios del entorno para mantener la homeostasis.

Conviene señalar una diferencia entre William Cannon, por un lado, y Charles Darwin y Claude Bernard, por otro. A diferencia de Darwin y Bernard, que no tuvieron en cuenta el aspecto psicológico del estrés, Cannon definió ciertos aspectos psicológicos en esta respuesta, popularizada por el modelo de «lucha o huida». Este modelo explica que, en presencia de peligro dentro de una misma población, la respuesta de estrés llevará a algunos individuos a huir, mientras que otros lucharán. Este modelo ha sido ampliado por otros investigadores más o menos sólidamente, añadiendo, en particular, la respuesta de «congelación» (defendida por Levine [Levine y Sorensen, 2017]) y la respuesta «*fawn*» (la tentación de seducir a un agresor para evitar el conflicto, propuesta por Pete Walker [Walker, 2013]) o incluso «*flop*» (disociación y tener un cuerpo «muerto»).

Estos tres biólogos descubrieron y describieron la necesidad del mecanismo del estrés, pero el padre de la investigación moderna sobre el estrés es Hans Selye. Tomó prestado el término «estrés» de la física y lo definió como todas las fuerzas, ya sean físicas o psicológicas, que ejercen una tensión sobre cualquier parte del individuo. Cannon, por su parte, se centró en el estrés agudo, mientras que Selye también estudió el estrés crónico.

«El estrés en la salud o la enfermedad
es, desde el punto de vista médico, sociológico y filosófico,
el tema más significativo para la humanidad
que se me ocurre».

Hans Selye (1907-1982)

Hans Selye es el creador del modelo del síndrome general de adaptación (SGA), basado en un estudio publicado en 1936 (Selye, 1998). Este modelo describe el desarrollo de una adaptación general al estrés durante los cambios de temperatura, esfuerzo muscular o acceso a los alimentos.

El modelo describe tres fases en la respuesta al estrés para una adaptación a largo plazo.

Primera fase: alarma

En esta fase, la persona pone en marcha una respuesta rápida a través del sistema nervioso autónomo, lo que permite reorientar los recursos del organismo hacia la adaptación al estrés. Esta fase comienza con la percepción de la amenaza para el estado homeostático (por ejemplo, el frío). El cuerpo evaluará primero la intensidad de la respuesta a este estrés. En función de esta evaluación activará el sistema nervioso simpático, que libera adrenalina (y noradrenalina). Esto provoca aumento de la frecuencia cardíaca, la presión arterial, la respiración y el metabolismo, que es lo que permite que el cuerpo se adapte.

Al mismo tiempo, se libera cortisol, que tiene los siguientes efectos: favorecer el catabolismo, suprimir el sistema inmunitario y liberar glucosa, con el objetivo de proporcionar la máxima energía para la respuesta. Este cortisol es también la hormona que permitirá detener la reacción.

Es durante esta fase cuando surge la respuesta al estrés que puede ser de lucha o huida, congelación, etc.

Esta fase es normal y deseable para que podamos adaptarnos. Sin embargo, cuando el estrés se vuelve crónico o cuando el organismo no consigue adaptarse, pasamos a la segunda fase del SGA.

Segunda fase: resistencia

Cuando el estrés persiste después de la fase de alarma, se inicia una respuesta más lenta. El objetivo de esta fase es hacer frente al estrés persistente. Por lo tanto, la estrategia general cambiará. Aquí, el organismo intenta ante todo mitigar los efectos del estrés sobre la salud mientras busca un nuevo estado de equilibrio a largo plazo.

Para ello, la respuesta inicial, que consume demasiada energía, va a reducirse. Se activa el sistema parasimpático devolviendo al cuerpo a un estado más tranquilo. El sistema inmunitario se activa para combatir posibles infecciones. Sin embargo, el organismo sigue movilizando estos recursos en respuesta al estrés. Con el tiempo, esto puede provocar fatiga, disminución del rendimiento cognitivo y físico y reducción de la motivación. La hormona responsable de mantener este estado es el cortisol.

Es durante esta fase cuando encontramos la mayoría de los métodos de gestión del estrés que serán útiles a corto plazo para salir adelante. Sin embargo cuestan energía ponerlos en práctica y se vuelven inútiles si el factor estresante persiste.

Si el organismo consigue adaptarse, el proceso se detiene en esta fase. Volverá a un estado homeostático y podrá recuperarse. En cambio, si el estresor persiste, el organismo entra en la última fase del SGA.

Tercera fase: agotamiento
Si la exposición al estresor se mantiene a largo plazo y no se ha producido ninguna adaptación, el organismo entra en esta última fase. Su capacidad de adaptación se ve superada, lo que provoca una disminución de los mecanismos de resistencia y un deterioro del estado físico y mental. Esto está relacionado principalmente con el agotamiento de los recursos corporales disponibles para hacer frente al estrés. Esta fase es, por tanto, un indicador de que el organismo ha alcanzado sus límites.

Desde el punto de vista energético, el cuerpo ya no produce suficiente energía para mantener sus mecanismos de respuesta al estrés. Esto conduce al agotamiento, que se manifiesta en fatiga crónica y debilidad física y cognitiva. El sistema inmunitario empieza a funcionar mal como consecuencia de la exposición prolongada al cortisol. Esto no sólo hace que el cuerpo sea más vulnerable a los agentes patógenos, sino que también lo hace más susceptible a los trastornos autoinmunes. Esta presencia crónica de cortisol también desestabiliza el equilibrio hormonal, lo que puede provocar problemas endocrinos y metabólicos, que provocan aumento de peso, trastornos del sueño, depresión y ansiedad. En conjunto, estos problemas pueden causar enfermedades cardiovasculares crónicas, problemas gastrointestinales y dolor crónico.

Junto a estos fenómenos físicos, también se produce un deterioro del estado psicológico. El agotamiento se correlaciona con un mayor malestar emocional, angustia, cambios de humor, ansiedad, depresión... Todo ello puede conducir en última instancia al agotamiento o al síndrome del trabajador quemado.

Cuando la persona se encuentra en esta fase, la única solución es eliminar la fuente de estrés y fomentar enfoques que faciliten la recuperación.

Además de la teoría SGA, Selye es autor de otra importante contribución al tema del estrés: la identificación del famoso eje hipotalámico-hipofisario-adrenal (HPA) y sus hormonas asociadas. Uno de sus doctorandos, Roger Guillemin, fue galardonado con el Premio Nobel por trabajos relacionados con este descubrimiento (Szabo, Tache *et al.*, 2012). Volveremos más adelante sobre la importancia de este eje en la gestión del estrés, pero debe saber que controla gran parte de los mecanismos implicados en el SGA.

Selye también planteó otras dos ideas importantes: el estrés es principalmente una respuesta fisiológica, y esta respuesta es inespecífica. En otras palabras, la respuesta fisiológica al estrés es la misma independientemente de la naturaleza del agente estresante. Esto es importante porque el factor estresante puede etiquetarse externamente como positivo o negativo, pero fisiológicamente siempre ocurrirá lo mismo. Esta idea ha suscitado un intenso debate con los psicólogos, que suelen hacer hincapié en los aspectos psicológicos del estrés.

Este debate comenzó con Cannon y William James, considerado el padre de la psicología estadounidense. James argumentaba que el cuerpo reacciona al estrés poniéndose en un estado particular, y que las emociones resultantes eran construidas por el córtex, que luego ponderaba la respuesta al estrés (James, 1884). Cannon (Cannon, 1987) refutó esta teoría, pero aún hoy la cuestión sigue sin estar del todo clara.

En el caso de Selye, sus ideas han sido criticadas porque no tuvo suficientemente en cuenta el impacto psicológico del estrés. Los psicólogos han observado que los individuos reaccionan de forma diferente ante un factor estresante común, lo que sugiere la existencia de un componente psicológico en la respuesta al estrés.

Selye respondió a esta crítica en varios artículos científicos arguyendo que el estrés puede estar influido por factores condicionantes que pueden inhibir o aumentar sus efectos. Sin embargo, estos elementos no son necesarios para desencadenar la respuesta al estrés, ya que las plantas, por ejemplo, tienen sistemas de respuesta al estrés que se desencadenan sin necesidad de emociones en el sentido animal. Es más, en un famoso, aunque algo drástico, experimento con ratas, al desconectar la corteza cerebral (simplemente extirpándola) del hipotálamo, la respuesta al estrés pasó a ser la misma. Este experimento demuestra que las emociones o el condicionamiento no son necesarios para el desarrollo de la respuesta al estrés porque se originan en la corteza cerebral (Selye, 1975). No obstante, existe una forma de ponderación condicionante, ya que la presencia de esta conexión varía la intensidad de las respuestas al mismo estrés.

Richard Lazarus, psicólogo y profesor de Berkeley, fue uno de los detractores de la teoría de Selye (Lazarus, 1966). Este psicólogo ejerció una enorme influencia en la investigación sobre el estrés. Defendió la idea de que el aspecto psicológico del estrés requiere diferentes herramientas de estudio, distintas de las fisiológicas. Lazarus creía que la respuesta al estrés era única, porque dependía de la educación, los valores y las emociones, que se interponían entre el factor estresante y la respuesta al estrés. Intentó demostrarlo en un experimento de dudosa ética que consistía en administrar descargas eléctricas a los participantes, pero que marcó un hito (Lazarus y Eriksen, 1952). Según él, estos elementos explican la gran variabilidad observada en la respuesta al estrés entre individuos. Esta teoría goza hoy en día de gran aceptación.

Lazarus y Susan Folkman propusieron entonces un modelo, que Lazarus presenta en el libro *Psychological Stress and Coping Processes*, denominado modelo transaccional del estrés, que integra la cognición y las emociones a la intensidad de la respuesta al estrés (Lazarus, 1984). El principio es que existe una relación dinámica entre el individuo y su entorno. Este modelo propone evaluaciones primarias y secundarias de situaciones. Las evaluaciones primarias implican analizar una situación determinada observando si:

- Es trivial (por ejemplo, darse un baño).
- Presenta un reto (por ejemplo, meterse en un baño helado para publicar una foto en Instagram).
- Causa daño (por ejemplo, meterse en un baño hirviendo) o una amenaza (daño potencial no manifestado) (por ejemplo, la persona recibirá un tiro si no se mete en un baño caliente).
- Es agradable (por ejemplo, meterse en un *jacuzzi*).

Estas valoraciones permiten ponderar el nivel de peligrosidad de la situación.

Las evaluaciones secundarias tienen en cuenta los recursos de que disponemos para responder a la situación, pero también lo que podemos ganar. Por ejemplo, en el caso del reto «métete en un baño de hielo», si el único motivo es enviar la foto a tu abuela, puede no parecer muy interesante. En cambio, si es para recibir un buen chute de dopamina porque a mil personas les ha gustado tu foto, resulta más motivador.

Así que la intensidad de la respuesta al estrés depende de estas evaluaciones, que están influidas por nuestros valores, experiencia y percepciones.

Resumiendo todos los estudios realizados sobre el estrés, parece que éste no es sólo un problema fisiológico, sino también cognitivo. En otras palabras, la intensidad de la respuesta de adaptación general de Selye está influida por el modelo transaccional de Lazarus. Por tanto, ambos modelos se complementan bien y ponen de relieve la importancia de considerar tanto los aspectos biológicos como los psicológicos para comprender y, por tanto, gestionar el estrés. Estas dos teorías siguen constituyendo la base de la investigación sobre el estrés, aunque por supuesto los conceptos se han ido refinando y clarificando.

Posteriormente, la investigación se ha centrado en los daños asociados al estrés en las poblaciones e incluso en lo que se ha transmitido de una generación a la siguiente, incluyendo descubrimientos sobre epigenética. De hecho, el estrés crónico se ha convertido en un importante problema de salud pública, y abordarlo requiere los esfuerzos de numerosos equipos de investigación en todos los campos. Los vínculos entre el medio ambiente, el estrés crónico y la epigenética pueden tener importantes consecuencias sobre las poblaciones.

Por ejemplo, se ha descubierto que el estrés puede influir en nuestro ADN, no a través de mutaciones, sino de modificaciones químicas que pueden dar lugar a fenotipos visibles o por epigenética (Peixoto, Cartron *et al.*, 2020). Estas modificaciones pueden ser inducidas por la respuesta al estrés, dando lugar a patologías y problemas como el agotamiento o la depresión (Park, Rosenblat *et al.*, 2019).

De este modo, el estrés se consideró inicialmente como un problema fisiológico, luego lo psicológico se introdujo en la intensidad de la respuesta al estrés, que depende de la construcción del individuo. Por último, ahora se entiende que el estrés puede tener un efecto duradero en una persona al influir en la expresión de los genes. Esto ha allanado el camino para la investigación de los vínculos entre el estrés, el medio ambiente y el estilo de vida.

La consecuencia es que un enfoque eficaz de la gestión del estrés debe tener en cuenta estos parámetros.

Los mecanismos de la respuesta al estrés

La respuesta al estrés es compleja ya que son varios los mecanismos que lo desencadenan. Aunque determinadas vías intervienen constantemente, en función de la fase de estrés pueden observarse diferencias. Podemos distinguir tres vías principales interconectadas: el eje hipotalámico-hipofisario-adrenal (HPA), el sistema nervioso simpático y el nervio vago. En conjunto, podemos decir que la respuesta al estrés puede resumirse como sigue: una activación del sistema nervioso simpático, una inhibición del sistema nervioso parasimpático y un aumento del eje HPA. Veamos cómo funciona esto.

El eje hipotálamo-hipófisis-suprarrenal (HPA)

El eje central del estrés es el eje HPA, también conocido como eje hipotalámico-hipofisario-adrenal o eje corticotrópico. Es un sistema de comunicación implicado en la regulación de muchos procesos fisiológicos, incluido el estrés. Comprende varias estructuras y glándulas endocrinas que trabajan juntas para mantener la homeostasis.

El sistema del eje HPA consta de tres partes principales: el hipotálamo, la hipófisis y las glándulas suprarrenales.

En primer lugar, el hipotálamo es una región del cerebro que desempeña un papel clave en la regulación de funciones fisiológicas. Cuando esta estructura es estimulada por señales de estrés, libera hormonas llamadas corticotropinas (CRH), que activan la hipófisis (también llamada glándula pituitaria).

La hipófisis es una pequeña glándula situada en la base del cerebro. Cuando recibe señales de las CRH producidas por el hipotálamo libera a su vez la hormona adrenocorticotrópica (ACTH), que viaja a las glándulas suprarrenales a través de la sangre.

Por último, las glándulas suprarrenales son glándulas endocrinas situadas encima de los riñones. Cuando reciben señales de las ACTH de la hipófisis, producen y liberan hormonas del estrés llamadas corticosteroides, como el cortisol y las catecolaminas (adrenalina y noradrenalina). Estas hormonas desencadenarán la adaptación real del organismo, actuando directamente sobre los sistemas afectados.

El cortisol moviliza el organismo para hacer frente a la situación estresante (Sapolsky, Romero et al., 2000; Kyrou y Tsigos, 2009). Interviene en el catabolismo de hidratos de carbono, proteínas y grasas. Regula los niveles de glucosa en la sangre aumentando su producción en el hígado y reduciendo su consumo por parte de los músculos. Estos cambios fisiológicos significan que el cuerpo tiene más energía disponible para mantener un esfuerzo importante. El cortisol también interviene en la regulación de la presión arterial mediante el aumento de la frecuencia cardíaca y reduce la respuesta inmunitaria a través de un efecto antinflamatorio. También regula la respuesta al frío y al calor. Normalmente, el cortisol se segrega en cantidades elevadas por la mañana y más bajas por la noche. Sin embargo, debido a los efectos del estrés crónico, la secreción de cortisol puede verse alterada y causar efectos nocivos para la salud, como un aumento del riesgo de enfermedades cardiovasculares, trastornos del sueño y depresión. Por último, esta hormona afecta al estado físico y emocional reduciendo los niveles de serotonina (hormona implicada en el bienestar y el estado de ánimo) y aumentando los de la dopamina (una hormona relacionada con la motivación y el placer). Este cambio de comportamiento empuja al individuo estresado a actuar. El papel del cortisol en la regulación de la homeostasis, es decir, el estado de estabilidad del organismo frente al cambio es, por tanto, claro.

La adrenalina (también conocida como epinefrina) es otra hormona producida por las glándulas suprarrenales y liberada al torrente sanguíneo en respuesta al estrés. En general, eleva nuestros niveles de energía para permitirnos hacer un esfuerzo físico importante. Se produce rápidamente en caso de estrés agudo. Es la causa de síntomas como temblores, sudoración o pupilas dilatadas. La adrenalina aumenta el ritmo cardíaco y la fuerza de contracción del corazón, lo que puede incrementar el flujo sanguíneo y el suministro de oxígeno a los músculos y órganos esenciales. Esto puede ser útil en caso de peligro inminente, cuando el cuerpo necesita más energía y más capacidad para reaccionar rápidamente. Puede dilatar los bronquios, lo que facilita la respiración y el aporte de oxígeno al cuerpo en momentos de mayor necesidad, y estimular la liberación de glucosa del hígado y la descomposición de los glicógenos músculares, lo que puede aumentar los niveles de azúcar en la sangre, proporcionando energía extra.

Esto es lo que ocurre cuando una persona se enfrenta a una situación estresante y activa el eje HPA para producir hormonas que ayudan al cuerpo a adaptarse. Esta respuesta es normal y útil en ciertas situaciones, pero si se prolonga o si se produce con frecuencia, puede tener efectos negativos para la salud mental y física.

Para evitar la prolongación indeseable de la activación del eje HPA, éste se regula mediante un proceso de control de retroalimentación negativa mediado por glucocorticoides, incluido el cortisol (Jacobson, 2005). Éste implica una acción inhibidora de las hormonas del estrés sobre el hipotálamo y la hipófisis para regular su actividad. De este modo, el cuerpo mantiene el equilibrio correcto de las hormonas del estrés y evita la sobreproducción o la infraproducción de estas hormonas. La consecuencia es que el estado de estrés sólo se mantiene mientras el eje HPA está activado. Esto es lo que ocurrirá durante la fase de alarma, si tomamos como guía los trabajos de Selye o de estrés agudo descrita por Cannon. En este caso, esta reacción es una verdadera baza para ayudar a nuestro organismo a salir de una situación agresiva.

El problema es que cuando el estrés es continuo y entramos en la fase de resistencia, el cortisol se produce constantemente (McEwen, 2004; McEwen, 2007). Esto conduce gradualmente a un aumento de tolerancia a esta hormona en el hipotálamo, que por tanto se inhibe cada vez menos por su presencia. El resultado es que las glándulas suprarrenales producen cortisol continuamente manteniendo el organismo en un estado de estrés con efectos deletéreos.

Por ejemplo, el cortisol puede incrementar el apetito y favorecer el aumento de peso, sobre todo en la zona abdominal, al alterar el metabolismo de los hidratos de carbono y las grasas, e influir en la regulación del azúcar en la sangre, favoreciendo el desarrollo de la diabetes de tipo 2. También aumenta la frecuencia cardíaca y la presión arterial, lo que supone un mayor riesgo de sufrir enfermedades cardíacas. Al provocar la descomposición de las proteínas musculares, puede causar pérdida de masa muscular, con la consiguiente debilidad muscular. El exceso de cortisol también puede alterar el ciclo del sueño, provocando fatiga general e insomnio, y el equilibrio emocional, causando trastornos del estado de ánimo como depresión y ansiedad. También produce inflamación general, lo que da lugar a una serie de trastornos autoinmunes.

La buena noticia es que la respiración puede desempeñar un importante papel en el control del eje HPA. Los estudios han demostrado que la respiración consciente y controlada, como la respiración abdominal profunda, puede reducir los niveles de cortisol y mejorar la regulación del eje HPA (Brown y Gerbarg, 2005). Además, la práctica de técnicas de gestión del estrés como la meditación y la atención plena también ayudan a regular el eje HPA modificando la respuesta al estrés y reduciendo los niveles de cortisol. Sabemos que estas prácticas se basan en una respiración más lenta. Así pues, la respiración podría romper el bucle del estrés crónico.

El sistema nervioso simpático

El sistema nervioso simpático (también conocido como ortosimpático) es uno de los tres principales sistemas del sistema nervioso autónomo, siendo los otros dos el sistema nervioso parasimpático y, a veces, el sistema nervioso entérico (Furness, 2008). En el contexto que nos interesa, es el principal responsable de la respuesta de «lucha o huida» (respuesta de estrés) frente a un peligro (Cannon, 1932). También puede activarse en otros contextos, como la actividad física.

La activación del sistema nervioso simpático provoca una serie de reacciones fisiológicas, como aumento del ritmo cardíaco, ralentización de la digestión, dilatación de los bronquios y liberación de adrenalina y noradrenalina por las glándulas suprarrenales. En otras palabras, su activación ayuda al cuerpo a producir más energía para responder a una situación estresante.

El sistema nervioso simpático está formado por una cadena de ganglios situados a lo largo de la columna vertebral. Estos ganglios están conectados a los órganos y músculos por nervios simpáticos. La comunicación se produce a través de dos neuronas: la primera, denominada preganglionar, se localiza en la médula espinal dorsal y está conectada (sinapsis) a una segunda neurona postganglionar cuyo cuerpo se localiza en el ganglio que inerva la diana. La primera conexión se hace a través de la acetilcolina y la segunda principalmente a través de la noradrenalina.

La activación del sistema simpático se produce bajo el control de varias vías de señalización diferentes. La principal es la activación a través de la amígdala, que participa en la identificación de amenazas y la regulación emocional. Cuando se percibe un estímulo peligroso, la amígdala envía una señal al hipotálamo, que integra la información de las distintas estructuras cerebrales para evaluar la respuesta adecuada. En ese momento, el hipotálamo manda señales a las neuronas simpáticas preganglionares a través de las neuronas del tronco encefálico, y se activa la cascada simpática.

Sin embargo, existen otras vías de activación ante el estrés que son periféricas, es decir, que no pasan inicialmente por el sistema nervioso central.

La primera vía procede directamente de los sensores de nuestro cuerpo situados en la piel, los músculos, la fascia y las articulaciones. Estos sensores son receptores sensoriales o mecanorreceptore que pueden activar lo que se conoce como respuesta refleja axonal, considerada como un subtipo de arcos reflejos. Esta respuesta está directamente ligada a un estímulo externo (lesión por golpe, quemadura, corte, etc.) que activa uno de estos receptores (nociceptor en este caso). Éste envía una señal al ganglio espinal, que a su vez activa las neuronas preganglionares simpáticas. Esta activación provoca una respuesta simpática local que evita pasar por el cerebro, acortando el tiempo de reacción para salir del peligro. Por ejemplo, en caso de hemorragia, se producirá una vasoconstricción local inmediata gracias a esta expresión simpática local.

A veces, esta reacción puede desregularse y mantenerse fuera de la presencia del estímulo que la desencadenó. Cuando esto ocurre, la activación simpática local se mantiene, provocando inflamación, contracción tisular, vasoconstricción y aumento de la tensión muscular de forma constante. Esto puede contribuir a problemas como la fibromialgia, el síndrome de fatiga crónica o el síndrome de dolor regional complejo.

Una segunda vía periférica implica el reflejo barorreceptor. Los barorreceptores se encuentran en las paredes de los senos carotídeos y en el arco aórtico, y cuando detectan cambios en la presión arterial, envían una señal al tronco encefálico, que a su vez aumenta la actividad del sistema nervioso simpático, provocando una vasoconstricción que eleva la presión arterial.

El sistema nervioso simpático es, por tanto, una vía muy importante para reaccionar rápida e inconscientemente a un agente estresante proporcionando una respuesta adaptativa.

El nervio vago

El nervio vago, también conocido como nervio neumogástrico, es el décimo nervio craneal. Es el nervio con el territorio más extenso, de ahí su nombre «vago». Tiene la particularidad de ser un nervio mixto, lo que significa que transporta a la vez información motora, sensible y sensorial. Esto significa que puede transmitir información motora desde el sistema nervioso central a los músculos y glándulas (fibras motoras), desde los receptores sensoriales (periferia) al sistema nervioso central (fibras sensoriales) y de los órganos de los sentidos como la visión o el equilibrio al sistema nervioso central.

Se compone principalmente de fibras parasimpáticas, lo que le confiere un papel importante en la regulación del sistema nervioso autónomo. En particular, es el responsable de la respuesta de «descanso o digestión», la contrapartida de la respuesta de «lucha o huida». El nervio vago participa, por tanto, en el mantenimiento de la homeostasis al contrarrestar los efectos del nervio simpático.

La regulación del nervio vago es compleja. Está regulado principalmente por estructuras cerebrales (*tractus solitarius* y núcleo ambiguo). Sin embargo, también se autorregula gracias a una retroalimentación entre aferencias sensoriales, integraciones centrales y eferencias motoras. Estas complejas interacciones permiten un ajuste preciso y rápido de la actividad de los órganos del nervio vago a las necesidades del organismo. Por último, también está influido por la acción del sistema nervioso simpático ya que uno se inhibirá cuando el otro esté activo.

El nervio vago está implicado en muchas funciones autónomas y tiende a ponerlas en reposo. Por ejemplo, es responsable de regular el ritmo cardíaco, interviene en el control de la respiración, modula la inflamación, regula el sistema digestivo y el estado de ánimo y la ansiedad. Por lo tanto, es fácil comprender que su activación sea importante en la gestión del estrés, pero también que su falta de actividad puede conducir a una deriva hacia el sistema simpático.

Para gran parte del trabajo respiratorio clásico, el nervio vago será estimulado para reducir el estrés.

En la década de los 1990, el doctor Stephen Porges propuso una teoría para entender cómo funciona el nervio vago y su influencia en el estrés. Porges propone que el nervio vago tiene dos ramas. La primera es la rama dorsal, conocida como «vago no mielinizado» o «vago primitivo», que desde un punto de vista evolutivo es la más antigua. Esta rama está relacionada con la conservación de la energía y la congelación en caso de percibir una amenaza. La segunda rama es el nervio vago ventral, una rama evolutivamente más reciente, según Porges, que se encarga de modular las relaciones sociales y la sensación de seguridad. También se conoce como el llamado «nervio mielinizado» o «vago social».

Basándose en esta teoría tan de moda, han surgido muchos enfoques terapéuticos en el campo de la psicología. Para los fines de este libro, no la voy a tener en cuenta en la medida en que un cierto número de elementos de esta teoría ha sido invalidado experimentalmente. Sin embargo, esto no cuestiona los resultados positivos obtenidos con ciertas terapias inspiradas en esta teoría, pero muchos autores señalan que los elementos preconizados en las terapias que utilizan la teoría polivagal fueron utilizados anteriormente en psicología o incluso en psiquiatría.

Por lo tanto, vamos a centrarnos en los aspectos clásicos de la acción de la respiración sobre el nervio vago para calmar el estrés.

Fuentes de estrés y sus mecanismos de influencia

Existen muchos factores que pueden desencadenar el estrés. El más obvio es el que se produce por una adaptación a los cambios ambientales naturales, como el frío. Después viene la respuesta inmediata al peligro depredador, animal o humano. Estos dos factores son los más básicos y los más directamente relacionados con el estrés.

Luego están los factores estresantes derivados de nuestro estilo de vida. Problemas en el trabajo o en las relaciones, dificultades económicas u obligaciones familiares son fuentes potenciales de estrés. Implican un juicio vinculado a nuestro estilo de vida y no representan una agresión física. Sin embargo, el exceso de responsabilidades, como tener un trabajo a tiempo completo y cuidar de la familia, aunque no son específicamente una agresión, requieren una gran adaptación del cuerpo y, por tanto, son fuentes de estrés. Del mismo modo, la presión social y la imagen que se pretende dar, sin ser peligros físicos reales, representan dos importantes desencadenantes de estrés. No hay más que ver la oleada de *burn-outs* entre *influencers* que han recibido cobertura mediática o los escándalos de ciberacoso en las redes sociales, que generan un estrés intenso para la víctima.

Por último, traumas pasados, como experiencias vitales difíciles, un accidente, una violación o agresión, pueden dejar secuelas y ser estresantes a largo plazo. Este factor desencadenante es muy interesante porque puede generar estrés sin que la persona sepa realmente por qué se siente mal. Por lo tanto, existe una forma de registro que tiene lugar en el momento del acontecimiento traumático, que luego se reproduce en bucle, activando permanentemente el estado de estrés. Ésta es una parte importante de la somatización.

Al analizar todos estos factores de estrés, vemos que unos son objetivos y otros son más subjetivos, y que son muchas las situaciones que los desencadenan. Pero ¿qué ocurre con los mecanismos que nos permiten detectar e interpretar estos factores estresantes? Si los estudiamos, nos daremos cuenta de que al final no son tantos. Entender cómo estos mecanismos desencadenan el estrés nos permite controlarlo.

El papel de la memoria y la imaginación

La memoria puede desencadenar la respuesta al estrés a través del eje hipotalámico-hipofisario-suprarrenal (HPA), influyendo en la regulación de este eje. El hipotálamo está influido por la memoria a través de su relación con la amígdala y el hipocampo, que son regiones cerebrales implicadas en la memoria emocional.

Es fácil ver cómo un simple recuerdo puede desencadenar estrés. Seguro que ya has vivido esa situación en la que estás de vacaciones o de fin de semana, relajado, cuando, de repente, algo te recuerda un asunto urgente o un conflicto en el trabajo e inmediatamente tu estado de ánimo cambia y tu cuerpo empieza a estresarse.

Asimismo, imaginar cómo podría desarrollarse una situación puede desencadenar una gran oleada de estrés en algunas personas. Normalmente, la anticipación ansiosa sólo está causada por una imaginación negativa que se centra en los problemas potenciales que es probable que ocurran. La consecuencia es que el cuerpo entra en un estado de adaptación al estrés.

Resulta más divertido y positivo poner en marcha la activación parasimpática imaginando la siguiente escena: estás tumbado en una tumbona en la playa, hace calor, oyes las olas y hueles el yodo en el aire. Una suave brisa acaricia tu cara, refrescándote y dejándote sediento. A tu derecha hay una mesita con un vaso frío de agua con gas y una rodaja de limón. Lo coges, está fresco y huele a limón. Ahora coge el limón, te lo llevas a los labios y lo muerdes. Una ráfaga de zumo ácido te inunda la boca. ¿Cómo te sientes?

Muchas personas salivan cuando leen este texto. Es una forma de reflejo pavloviano inducido por la imaginación. Por supuesto, estamos hablando aquí del sistema nervioso parasimpático, pero el mismo fenómeno ocurre con el simpático. Se puede ver que un desencadenamiento muy físico y concreto puede tener lugar simplemente a través de la imaginación y los recuerdos...

El papel de los músculos, los tejidos y la somatización

La memoria muscular es la que interviene en el aprendizaje y el mantenimiento de los movimientos y los gestos. Se almacena en los circuitos nerviosos de la médula espinal y el cerebro, y permite retener y hacer movimientos y gestos aprendidos.

Se ha sugerido que la memoria muscular puede verse influida por la exposición a estímulos estresantes. Algunos estudios han demostrado que la exposición a estímulos estresantes puede alterar el aprendizaje y la consolidación de la memoria muscular.

¿Podría entonces el estrés afianzar una memoria muscular? Se trata de una teoría que cada vez se toman más en serio en el campo de la psicología. De hecho, la somatización es un tema que se estudia cada vez más, como demuestran los trabajos de Damasio, uno de los investigadores que más ha estudiado este tema. La idea general y simplificada es que el estrés no expresado puede dejar una huella neurotisular en el cuerpo que active constantemente el sistema nervioso simpático como un arco reflejo. En ausencia de expresión local de estrés, no hay por tanto ninguna señal de inhibición a cambio. Esta idea sigue siendo debatida y es más compleja de lo que se describe en estas páginas. Sin embargo, desde un punto de vista empírico, movilizar las zonas que somatizan da excelentes resultados sobre el estrés.

Un ejemplo muy bueno que ilustra esto lo encontramos en el marco de las artes marciales. Es un ejercicio que me hicieron hacer para desarrollar la capacidad de adivinar cuándo un ataque va a tener lugar para poder reaccionar justo antes de que ocurra. El ejercicio se hace con un cuchillo de entrenamiento. Primero recibes una puñalada sin reaccionar, para provocar un miedo en tu cuerpo que te ayude a reaccionar ante el siguiente ataque. A continuación, la otra persona se coloca frente a ti para atacarte de nuevo y tú debes prever cuándo lo va a hacer para alejarte a tiempo.

¿Cómo prevés el ataque? Gracias a la tensión. En cuanto la persona tiene intención de atacar, sientes un pico de tensión en el cuerpo, sobre todo en el lugar donde te han golpeado, lo que indica que tienes que moverte. El fenómeno es sorprendentemente reproducible y así es como nos entrenamos para percibir la intención de la otra persona. ¿Qué tiene esto que ver con la memoria traumática? Ya llegaré a eso.

En este ejercicio, en cuanto sientes estrés, tienes que moverte. Si no lo haces, porque te das cuenta de que te has equivocado en la intención del ataque, acumulas tensión neuromuscular causada por el estrés. El resultado es que, a medida que avanza el ejercicio, eres menos capaz de anticiparte o incluso de moverte una vez que has cometido un error. Por el contrario, si nos movemos incluso cuando cometemos un error, entonces nuestra capacidad para anticiparnos o reaccionar no disminuye con el tiempo. ¿Qué hacer cuando no te has movido y tu capacidad de anticipación o reacción disminuye? Detenemos el ejercicio y movilizamos los tejidos de varias maneras diferentes para liberarnos del movimiento inducido por el estrés, movimiento que no se ha realizado. A continuación, se reanuda el ejercicio con nuestra capacidad de reacción de nuevo a pleno rendimiento.

Éste es sólo un ejemplo, pero cada vez son más los autores que se interesan por la influencia de la somatización en nuestro comportamiento, ya que, al igual que la inhibición del movimiento durante el ejercicio acumula tensión en el cuerpo, la inhibición de la expresión emocional también acumula tensión en el cuerpo y le fuerza a un determinado tipo de reacciones. Esto explica por qué el cuerpo permanece en un estado de estrés. Volveremos sobre este tema con mayor profundidad en el capítulo dedicado a las emociones.

El papel del sistema nervioso autónomo

El tercer mecanismo del que ya hemos hablado es el sistema nervioso autónomo. Hemos visto que desempeña un papel en la respuesta al estrés. Sin embargo, su desregulación también es una causa de estrés, particularmente en el caso de estrés crónico. Durante un largo periodo de estrés, el sistema nervioso simpático se activa permanentemente. En presencia continua de cortisol desensibiliza los receptores al estrés, dificultando su regulación. Además, el estrés crónico provoca inflamación, que estimula al sistema simpático. Por último, cuando hay estrés crónico, la amígdala, el hipocampo y el córtex prefrontal parecen desregularse, sobreactivando el eje HPA, que mantiene el sistema nervioso simpático activado.

Normalmente, el sistema nervioso simpático está diseñado para activarse de forma transitoria. Esto tiene el efecto de inhibir el sistema nervioso parasimpático para permitir que el simpático funcione bien. El problema es que en estado de estrés crónico, con el sistema simpático siempre activo, el parasimpático está siempre inhibido. Esta inhibición está ligada a la insensibilización de los receptores implicados en la transmisión de la señal parasimpática, lo que reduce los impulsos nerviosos hacia los órganos específicos, que por lo tanto ya no descansan tan bien, y se produce un aumento de la frecuencia cardíaca y respiratoria, lo que a su vez estimula el sistema nervioso simpático.

La consecuencia de esta hiperactividad es también que la más mínima molestia desencadenará una respuesta de estrés desproporcionada. La persona que padece estrés crónico reacciona con demasiada rapidez porque el sistema nervioso simpático ya no detecta las reacciones débiles debido a la insensibilización.

Este papel del sistema nervioso autónomo puede demostrarse con un elemento muy interesante, la variabilidad de la frecuencia cardíaca (VFC), más conocida por las siglas inglesas HRV (*heart rate variability*). Esta forma indirecta pero fácil de medir el nivel de adaptación al estrés también permite evaluar el nivel de estrés. Si tenemos dificultades para adaptarnos (VFC baja), esto significa que nuestros sistemas ya están bajo tensión y que, por lo tanto, estamos estresados. El uso de sensores permite monitorizar el estado de estrés y ver cómo la persona lo experimenta.

LAS DIFERENTES SITUACIONES DE ESTRÉS

¿Por qué es tan difícil abordar el estrés con un enfoque puramente técnico? Porque la forma de estrés varía, al igual que la diversidad de los factores estresantes. En consecuencia, algunas técnicas serán muy adecuadas para determinadas situaciones o en respuesta a determinados factores estresantes, mientras que otras serán inútiles. A esto hay que añadir también el hecho de que si el estresor no cesa nunca, las técnicas servirán siempre de tirita, ya que sólo pueden eliminar el estrés que surge durante la situación que lo origina. Por lo tanto, necesita estrategias para hacer frente a esta diversidad de situaciones de una manera específica. En el método REBO2T, divido el estrés en cuatro reacciones en función de la situación: estrés anticipatorio, estrés operativo, estrés crónico y recuperación. Profundizaremos en cada una de ellas en los apartados siguientes.

ESTRÉS ANTICIPATORIO

Definiremos el estrés anticipatorio como un tipo de estrés que se produce cuando anticipamos una situación estresante futura. Esto puede incluir acontecimientos importantes o responsabilidades que nos causen ansiedad o preocupación, como un examen, una entrevista de trabajo, tener que dar una conferencia, etc.

El estrés anticipatorio puede desencadenarse por pensamientos y emociones positivas o negativas relacionadas con el acontecimiento estresante que está por venir, como el miedo al fracaso, el miedo a no estar a la altura de la tarea requerida, pero también el deseo de hacerlo bien, la impaciencia y la motivación. En ambos casos, esto conduce a la activación del eje hipotalámico-hipofisario-suprarrenal (HPA) y la producción y liberación de hormonas del estrés. Este fenómeno se produce de unas horas a unos minutos antes de hacer algo importante.

El estrés anticipatorio es beneficioso en situaciones normales porque nos prepara para la acción y para la tarea que tenemos que realizar. Sin embargo, puede volverse problemático si se desencadena demasiado pronto o de forma desproporcionada, ya que puede llevar a la persona a un estado de ansiedad (Endler y Kocovski, 2001) que le dificultará la realización de la tarea. Por lo tanto, es importante gestionar el estrés durante la fase de anticipación para minimizar este riesgo y maximizar sus beneficios. Los estudios han demostrado que el estado de ánimo puede influir en el tipo de efectos del estrés (Crum, Salovey *et al.*, 2013).

La mayoría de las técnicas de gestión del estrés se centran en esta fase.

Estrés operativo

El estrés operativo es el que surge durante la acción. Hay que canalizarlo si queremos rendir sin sentirnos abrumados. De hecho, un exceso de estrés puede hacer que nos colapsemos y quedemos petrificados en mayor o menor medida bajo la presión. Hay muchas razones para ello, pero a grandes rasgos podemos describir el siguiente ciclo. La persona sometida a estrés tendrá un aumento de las señales corporales, por lo que prestará atención a estas señales e intentará controlarlas conscientemente, anulando el control automático que suele encargarse de ello (Baumeister, 1984). Esto hará que los movimientos sean desorganizados y no instintivos, con dos consecuencias: la primera es que la persona siente que no está «funcionando» correctamente, un exceso de atención en sí misma que perjudica su forma de actuar automática, más eficiente (Kannape y Blanke, 2012), lo que aumentará el estrés y la mantendrá en este bucle. La segunda es que la respiración cambiará, provocando una disminución de la calidad de las señales interoceptivas y de la conciencia corporal (Allard, Canzoneri et al., 2017) y aumentando la necesidad de prestarse aún más atención a sí misma... Asistimos, por tanto, a un bucle de degradación de la situación. La intensidad de este fenómeno depende del contexto y, por tanto, está influida por numerosos parámetros externos (actuaciones deportivas o artísticas, oratoria, etc.).

Lo importante es encontrar el equilibrio adecuado para no sentirse sobrepasado por la situación y mantener el nivel adecuado de energía. El reto consiste en saber gestionar el estrés para finalizar aquello que tenemos entre manos, algo que podrás lograr aprendiendo ciertas técnicas de respiración que acabarán activándose automáticamente en situaciones que te resulten estresantes. El otro objetivo será aprender a limitar «sobre la marcha» la aparición de los síntomas físicos del estrés.

Paradójicamente, el principal trabajo en torno al estrés operativo se hará durante sesiones específicas de formación, no en los momentos en que se experimenta el estrés. Los objetivos de formación serán dobles. En primer lugar, aprender a reconocer los signos del estrés para aumentar nuestra conciencia corporal y familiarizarnos con las señales de estrés. Se ha demostrado que las personas con un alto grado de conciencia corporal se ven menos afectadas por el estrés al centrar su conciencia en el cuerpo durante la situación que les resulta estresante (Baumeister, 1984). La exposición al estrés durante el entrenamiento es esencial para condicionar estas respuestas. El segundo objetivo es condicionar una reducción de la expresión del estrés mediante técnicas de respiración.

De este modo, en la acción, serás capaz de trabajar instintivamente con un nivel de estrés tolerable sin interferir en tu control automático del movimiento, manteniendo tus capacidades a su máximo potencial.

Este trabajo es una parte importante de lo que vamos a establecer aquí.

LA RECUPERACIÓN

Después de la fase de estrés, el cuerpo debe entrar en una fase de recuperación para volver a su estado de equilibrio u homeostasis. Durante esta fase, el cuerpo depurará el exceso de cortisol y de las hormonas del estrés en general, cortando los procesos fisiológicos que desencadenan. Esto permitirá que actúe el sistema nervioso parasimpático, poniendo el cuerpo en modo de relajación y recuperación. Después de la fase catabólica inducida por el cortisol el cuerpo entra en una fase anabólica (construcción) para reparar los tejidos dañados por el estrés y reponer las reservas de energía. El sistema inmunitario, debilitado por el cortisol, también vuelve a la actividad. Por último, desde un punto de vista cognitivo, esta fase permitirá al cerebro registrar la experiencia y aprender de ella para establecer estrategias a la hora de afrontar situaciones similares en el futuro.

Si nunca se alcanza esta fase porque el estrés dura demasiado, acabamos en la fase de agotamiento (McEwen, 2004).

En pocas palabras, en la práctica que propongo, hay que recordar que un periodo de estrés requiere un periodo de recuperación. Pero, este tiempo de recuperación no es sólo descanso. Vamos a hablar de recuperación activa, que obviamente incluye tanto trabajo respiratorio como corporal. El objetivo es ayudar activamente a nuestro cuerpo a alentar la acción parasimpática, pero también a evitar cualquier forma de somatización movilizando los tejidos después del estrés.

Estrés crónico

El estrés crónico se caracteriza por un estado de tensión persistente y prolongado. Generalmente está ligado a factores estresantes repetitivos o a situaciones difíciles prolongadas. A diferencia del estrés agudo, que es una respuesta normal y adaptativa a un acontecimiento concreto, el estrés crónico se instala y se convierte en un problema fundamental, afectando significativamente la salud general del individuo. Esto se conoce como carga alostática, un concepto propuesto por el neurocientífico Bruce McEwen (McEwen y Stellar, 1993). Esta carga alostática describe el estado en el que los mecanismos de adaptación del organismo están sobrecargados, lo que provoca problemas de salud.

El estrés crónico se instala a lo largo del tiempo en un nivel más o menos bajo y su presencia se mantiene mediante un sistema autoperpetuador en el que el estrés, y no sólo el factor estresante, activa por sí mismo sus propios circuitos. Este sistema de autoperpetuación dificulta la interrupción del ciclo de estrés y la recuperación. En consecuencia, es difícil salir de esta situación con unos pocos ejercicios puntuales.

Por lo tanto, habrá que abordarlo mediante una estrategia global que, en primer lugar, trate de reducir el nivel general de manifestaciones de estrés y, al mismo tiempo, trabaje sobre las causas externas del automantenimiento. Sólo entonces podremos esperar romper la autoactivación del estrés.

¿POR QUÉ ABORDAR EL ESTRÉS USANDO LA RESPIRACIÓN?

Todos los sistemas corporales que intervienen en el estrés están igualmente implicados en el control del proceso fisiológico de la ventilación y el control voluntario de la ventilación influye en todos esos sistemas.

La frecuencia ventilatoria tiene un efecto sobre el sistema nervioso autónomo y aumenta la variabilidad de la frecuencia cardíaca cuando ésta disminuye. Éste es el principio de la coherencia cardíaca. Al acentuar las espiraciones en relación con las inspiraciones, aumentamos la actividad parasimpática, lo que reduce la respuesta al estrés y también la variabilidad de la frecuencia cardíaca. La respiración también influye en la actividad del nervio vago, ya que modifica el equilibrio del sistema nervioso autónomo (SNA), que influye en el estrés.

Algo menos obvio, pero quizás ya conocido, es que las técnicas de respiración consciente, en las que nuestra atención está concentrada en la respiración, reducen la ansiedad y el estrés, probablemente disminuyendo la actividad de la amígdala y de la corteza prefrontal. A veces esto también se consigue mediante una modulación de la expresión hormonal.

La respiración también influye en la química de la sangre, algo que es poco conocido. Cuanto más dióxido de carbono tengamos en la sangre (o cuanto más sensibles sean los receptores de dióxido de carbono), más aumentará la frecuencia respiratoria, lo que provocará una sobreactivación del sistema nervioso simpático. La razón de este fenómeno es que normalmente un alto nivel de dióxido de carbono significa un alto nivel de actividad metabólica y, por lo tanto, una mayor necesidad de oxígeno para que el metabolismo funcione correctamente. En consecuencia, si el cuerpo tiene la impresión de que los niveles de dióxido de carbono en sus sistemas son muy altos porque es demasiado sensible a él, aumentará su frecuencia respiratoria (y bajará la variabilidad de la frecuencia cardíaca).

Algo menos conocido aún, es que la respiración puede inducir un estado emocional específico, como demuestra el *noh*, el teatro japonés en el que los actores llevan máscaras y cuya actuación es altamente «introspectiva» (Homma, 2010). El flujo respiratorio también es capaz de estimular la actividad de los distintos hemisferios cerebrales en función de la fosa nasal que se utilice, lo que también permite asociar los olores a los recuerdos y modular nuestro humor y estado de ánimo. Por ejemplo, un desequilibrio en la respiración puede inducir un estado que favorezca la amplificación del estrés.

Por último, la ventilación desempeña un papel importante en el control de la postura. Una mala postura puede ser una fuente de estrés debido a que reduce la amplitud del diafragma, puede causar dolores persistentes, etc. Del mismo modo, una mala ventilación puede impedir una postura neutra y favorecer un registro inadecuado de emociones que acabarán condicionando nuestras reacciones y aumentando potencialmente el estrés, como veremos más adelante.

Restablecer una buena respiración puede solucionar todos estos problemas y también ayudar a mantener un buen equilibrio para evitar volver a un estado de estrés. En estas páginas intentamos mostrar cómo hacerlo.

Para ello, necesitamos poner en marcha una estrategia. Una vez instalado nuestro sistema en un estado de estrés, podemos considerar ese estado como una forma de estado de equilibrio (malo, pero constante). Así que va a ser difícil utilizar un único ejercicio para resolver esta situación. Vamos a empezar a trabajar con enfoques indirectos y progresivos para finalmente acceder al corazón del problema: la respiración. Una vez que tengamos este acceso, podremos reconfigurar los distintos aspectos que intervienen en la aparición del estrés, lo que nos dejará espacio para trabajar sobre nuestra percepción de las cosas.

Eso es lo que vamos a ver a continuación. Pero antes, vamos a echar un vistazo a algunas técnicas clásicas para manejar el estrés y ver si podemos lograr que funcionen.

I
EJERCICIOS CLÁSICOS DE RESPIRACIÓN PARA CONTROLAR EL ESTRÉS

Los ejercicios más conocidos y cómo aplicarlos

En primer lugar, veamos los ejercicios de respiración más comunes en los distintos métodos y los ejercicios básicos del método REBO2T. Éstas son algunas reglas generales para su práctica:

- Nunca practiques estos ejercicios en un coche o en un lugar donde la somnolencia pueda ser peligrosa.
- No dudes en taparte cuando los practiques, ya que estos ejercicios respiratorios pueden enfriar el cuerpo al ponerlo en reposo.
- Respira con normalidad a menos que se indique que lo hagas de otra forma.
- Salvo indicación contraria, inspira y espira siempre por la nariz.

- Recuerda mantenerte bien hidratado cuando practiques regularmente.
- Si tienes problemas cardiovasculares o asma, pregunta a tu médico si esta práctica está contraindicada.
- Estas técnicas no sustituyen ningún tratamiento médico.

En general, estos ejercicios son accesibles para todo el mundo; no es necesario tener ninguna formación especial. Son una buena base para observar los efectos de la respiración consciente sobre el cuerpo y la mente.

Dicho esto, empecemos.

Relajarse y respirar

A menudo, elegimos ejercicios de respiración demasiado complicados al inicio de nuestra práctica. Pero he aquí una primicia: a veces lo sencillo ya es muy eficaz. Cuando se trata de controlar el estrés, basta con tomarse unos diez minutos para parar y respirar para sentirse mejor.

Por supuesto, ya en esta fase, puedes añadir algunos detalles que ofrezco aquí para mejorar tu respiración y que servirán de base para el resto de la práctica.

Recomiendo hacer los ejercicios tumbado, tapado con una manta ya que el cuerpo se enfría durante este tipo de ejercicios. Usa mantas con peso, ya que han demostrado que ayudan a aliviar la ansiedad y otros trastornos psicológicos. Para este ejercicio, reserva de diez a quince minutos de calma absoluta y cierra los ojos.

Inspira por la nariz y espira por la boca. Rara vez lo recomiendo, pero en este caso espirar por la boca es realmente útil.

- Inspira en dos tiempos por la nariz.
- Espira en cuatro tiempos por la boca.
- Permanece en apnea en vacío mientras te sientas bien.

No intentes forzar la respiración, déjala libre. Puedes añadir música suave o encender alguna barrita de incienso para hacer aún más confortable el ambiente.

Tomarse tiempo para respirar es el ejercicio más sencillo, así que puedes empezar por ahí. Y si te duermes mientras lo haces, ibien por ti!

¿Quién puede hacer este ejercicio?

Todo el mundo después de un día ajetreado, pero especialmente quienes empiezan a hacer ejercicios respiratorios y aún les cuesta hacer respiraciones largas y han de perfeccionar la técnica respiratoria.

¿Cuáles son los beneficios de este ejercicio?

Mantiene la atención en la respiración, favorece el equilibrio ortosimpático/parasimpático y relaja el cuerpo.

¿Cuándo se debe hacer este ejercicio?

Normalmente, al final del día, cuando no tengas nada que hacer después o incluso antes de irte a dormir.

Respiración consciente

La respiración consciente es una variante algo más activa que la técnica anterior. Se utiliza en la meditación de atención plena (mindfulness). Céntrate en tu respiración. Obsérvala, sin tratar de influir en ella. Evidentemente, es algo imposible, pero es el objetivo al que debes aspirar.

Este ejercicio te ayuda a concentrar tu atención en una sola cosa, evitando que se descontrole, y también a relajarte.

El ejercicio se realiza mejor tumbado tapado con una manta, pero también puede hacerse sentado en una silla. El objetivo no es especialmente estar relajado al final, sino más bien estar mentalmente tranquilo.

Se respira sin seguir ninguna pauta en particular, inspirando por la nariz y espirando por la boca.

- Inspira observando hacia dónde va tu respiración, las sensaciones asociadas, la textura del aire, su temperatura y las sensaciones que provoca. Observa los movimientos del tronco al inspirar, qué zonas se mueven y cuáles no. No intentes cambiar nada de lo que observas en ese momento.
- Espira y vuelve a hacer exactamente lo mismo.
- Continúa durante al menos diez minutos.

Si en algún momento te adentras en tus pensamientos, no hay problema, limítate a volver a tu respiración tantas veces como sea necesario.

¿Quién puede hacer este ejercicio?

Todo el mundo. Hazlo si te cuesta controlar tus pensamientos o si quieres empezar a controlar tu estrés.

¿Cuándo se debe hacer este ejercicio?

Puedes hacerlo en cualquier momento. Practicarlo con regularidad te ayudará a calmar tu mente y a aprender a activarla cuando lo necesites.

¿Cuáles son los beneficios de este ejercicio?
Actúa sobre el sistema parasimpático y sobre el flujo de pensamientos. Relaja la zona observada gracias a la consciencia de la misma.

Respiración abdominal

Con la respiración abdominal, empezamos a conocer técnicas que tendrán un efecto en nosotros gracias a una acción biomecánica. La respiración abdominal ralentiza la respiración al permitir un movimiento más amplio del diafragma. Como resultado, tu sistema nervioso parasimpático está menos inhibido y te sentirás más tranquilo. Además, al igual que con los ejercicios anteriores, al centrarte en la respiración y en las sensaciones asociadas, reducirás la actividad mental, lo que te permitirá relajarte más.

Para hacer la respiración abdominal correctamente, necesitas un poco de técnica, ya que no se trata ni mucho menos de inflar el estómago.

Hay que relajar toda la franja abdominal para permitir que el diafragma empuje uniformemente la masa visceral hacia el abdomen, de ahí el nombre de esta respiración.

Para lograrlo, es posible que tengas que relajar la región lumbar, que suele estar tensa en las personas estresadas. Esto se consigue apoyando el dorso de las manos en la región lumbar y concentrándose en la superficie de contacto entre las manos y la espalda.

- Inspira a un ritmo de cuatro tiempos.
- Espira en seis tiempos.

tiempo. Así que planifica una sesión de al menos quince minutos cuando estés tranquilo.

¿Quién puede hacer este ejercicio?

Todo el mundo. Hazlo siempre que sientas que estás físicamente estresado, aunque debes evitar hacerlo si acabas de comer o tienes problemas de hernia.

Coherencia cardíaca

La coherencia cardíaca es una técnica respiratoria que está siendo ampliamente estudiada en la actualidad. Basada en el tono vagal, consiste en respirar seis veces por minuto para conseguir un tono vagal óptimo mediante la variabilidad de la frecuencia cardíaca. Éste es el punto de equilibrio entre el sistema ortosimpático y el parasimpático, es decir, un estado perfectamente neutro. Estado neutro. Digo neutro, no relajado. Si te sientes «relajado» después de hacer este ejercicio de coherencia cardíaca, es porque básicamente estás demasiado estresado y/o no sabes lo que es un verdadero estado de relajación; esto suele ocurrir cuando el sistema parasimpático funciona a pleno rendimiento sin ser frenado por el sistema ortosimpático.

La práctica es muy sencilla:

- Hazlo preferiblemente en posición sentada.
- Inspira por la nariz durante cinco segundos.
- Espira por la nariz durante cinco segundos.
- Mantén este ritmo durante cinco minutos.
- Repite el ejercicio tres veces al día.

¿Cuáles son los beneficios de este ejercicio?

Al sincronizar la frecuencia respiratoria con seis respiraciones por minuto, la variabilidad de la frecuencia cardíaca alcanza un nivel óptimo, es decir, el tiempo entre dos latidos es muy variable. Esto tiene un efecto sobre el nervio vago, cuyo tono aumenta, favoreciendo un estado neutro al estimular el reposo frente a la acción.

¿Quién puede hacer este ejercicio?

Este ejercicio es ideal para las personas a las que no les importa alargar su ritmo respiratorio y que disponen de tiempo suficiente para hacer tres sesiones de cinco minutos al día.

¿Cuándo se debe hacer este ejercicio?

Idealmente, cada ocho horas. Temprano por la mañana, luego a primera hora de la tarde y a última hora de la noche, antes de acostarse.

Apnea con los pulmones llenos de aire

Esta apnea se hace con los pulmones llenos de aire. ¿Qué tiene esto que ver con el estrés? Pues bastante. El estrés percibido es una parte importante de la gestión del estrés, y tiene mucho que ver con el cuerpo. Así pues, la apnea tendrá un efecto sobre el cuerpo y, por lo tanto, en nuestra percepción del cuerpo al provocar relajación. ¡Por eso hay un vínculo entre los dos!

Su práctica es sin duda la más sencilla de todas las técnicas. Consiste simplemente en inspirar por la nariz hasta llenar los pulmones y dejar de respirar.

- Espira y respira normalmente, relajando el cuerpo durante un máximo de diez segundos.
- Repite el ejercicio dos veces más.

¿Cuáles son los beneficios de este ejercicio?

Al tensar el cuerpo mientras se mantiene la apnea, se genera un estiramiento de todo el torso que produce una gran sensación de relajación interna.

¿Quién puede hacer este ejercicio?

Cualquier persona puede utilizar esta técnica, especialmente después de experimentar estrés físico.

¿Cuándo se debe hacer este ejercicio?

En cualquier momento, pero justo antes de acostarte puede ayudarte a conciliar el sueño.

Contraer y soltar en movimiento

Este ejercicio es una variación del anterior, pero aporta una mayor consciencia a la práctica. Esta consciencia más precisa hace que sea más fácil identificar las zonas del cuerpo sometidas a tensión y, por lo tanto, también resulta más fácil relajarlas. Es un ejercicio que ayuda a evitar la acumulación de tensión en los tejidos, por lo que se recomienda hacerlo regularmente.

Ponte de pie, con los pies separados el ancho de las caderas, y respira sólo por la nariz. Vale la pena hacer este ejercicio durante unos cinco minutos.

- Al inspirar, tensa el cuerpo desde los pies hasta la cabeza todo lo que puedas.
- Permanece en apnea, con los pulmones llenos de aire, durante unos diez segundos para identificar cualquier zona recalcitrante y, si encuentras alguna, contráela.
- Al espirar, relaja los músculos, empezando por la cabeza y acabando en los pies.
- Permanece en apnea, sin aire, durante unos diez segundos para terminar de relajarte.
- Repite el ejercicio.

¿Cuáles son los beneficios de este ejercicio?

Sincronizando la respiración con tu tensión condicionas a tu cuerpo a reaccionar de esta manera cuando respiras. Con la práctica, la espiración favorecerá tu relajación muscular, lo que te será muy útil en momentos de estrés.

¿Quién puede hacer este ejercicio?

Todo el mundo, a menos que se tengan problemas de tensión arterial. En ese caso, no hagas apneas.

¿Cuándo se debe hacer este ejercicio?

En cuanto dispongas de cinco minutos. Te permitirá mantener tu cuerpo en un estado más relajado.

Respiración cuadrada

Ésta es una técnica de concentración que ha sido estudiada científicamente y que ha demostrado tener efectos positivos sobre la ansiedad y la frecuencia respiratoria.

El 3/3/6/3

El 3/3/6/3 es un patrón que desarrollé en el método REBO2T para facilitar el trabajo a los principiantes, pero también es una herramienta eficaz para la relajación. No requiere ninguna habilidad especial, y estimula el sistema parasimpático sin suavizar demasiado el estado de alerta a diferencia del 2/6 o el 4/7/8.

Practícalo durante al menos cinco minutos para comprobar su efecto en posición sentada o tumbada. Inspira y espira por la nariz, con un volumen fluido, sin forzar ninguna de las dos fases.

- Inspira durante tres segundos.
- Aguanta la respiración durante tres segundos.
- Espira durante seis segundos.
- Aguanta la respiración durante tres segundos.
- Repite el ejercicio durante unos diez minutos.

No dudes en tomarte un poco de tiempo para encontrar tu ritmo y precisión en la secuencia de las fases respiratorias antes de empezar a contar el tiempo de práctica.

¿Cuáles son los beneficios de este ejercicio?

Al desequilibrar las espiraciones en relación con las inspiraciones, se favorece el funcionamiento del sistema parasimpático. La diferencia con el 2/6, por ejemplo, es que las dos fases de apnea permiten mantener la mente concentrada, lo que hace que este ejercicio sea ideal para recuperar la calma durante el día.

¿Quién puede hacer este ejercicio?

Todo el mundo. Aunque puede costar un poco más que en el 2/6 dominar la técnica, el 3/3/6/3 puede integrarse con relativa rapidez.

¿Cuándo se debe hacer este ejercicio?
Durante el día, cuando tengas un descanso y necesites recuperar la atención y la calma.

El 4/7/8

El 4/7/8 fue popularizado por el doctor Weil. Extraído del *pranayama*, sirve para reducir mucho el estrés, e incluso para conciliar el sueño. Es relativamente sencillo, pero requiere un poco de práctica para que resulte eficaz. No todo el mundo es capaz de mantener la calma durante una espiración de ocho tiempos. Sin embargo, esta técnica es muy eficaz para conciliar el sueño.

- Inspira por la nariz durante cuatro segundos, sin forzar la inspiración.
- Aguanta la respiración durante siete segundos.
- Espira durante ocho segundos.
- Repítelo unas diez veces.

¿Cuáles son los beneficios de este ejercicio?
Al desequilibrar en gran medida la espiración con respecto a la inspiración, se estimula el sistema parasimpático, y la apnea con los pulmones llenos de aire reduce la actividad del sistema nervioso simpático.

¿Quién puede hacer este ejercicio?
Personalmente, a pesar de su popularidad, no lo considero una técnica para principiantes. En cambio, sí la recomiendo para los que tienen un poco de entrenamiento.

¿Cuáles son los beneficios de este ejercicio?

Esta respiración ha sido relativamente bien estudiada, ya que es un clásico del yoga. Su acción tiene diferentes componentes. En primer lugar, el componente clásico de trabajar sobre el sistema nervioso autónomo, como la mayoría de las técnicas para alargar la respiración. Por lo tanto, favorece la estimulación parasimpática con todos los efectos de relajación asociados. También hay un componente mecánico. Esto fortalece los músculos inspiratorios gracias a un flujo de aire reducido que requiere más esfuerzo para aspirarlo (Hakked, Balakrishnan *et al.*, 2017). Sin embargo, el aspecto único de esta técnica es que el flujo de aire alterno parece tener un efecto de estimulación alternante en los hemisferios cerebrales. La estimulación de cada hemisferio de manera alterna comporta efectos muy diferentes a los de otras técnicas, mejorando el rendimiento cognitivo, por ejemplo (Deepeshwar y Budhi, 2022) y reduciendo las variaciones emocionales.

¿Quién puede hacer este ejercicio?

Lo puede hacer todo el mundo en su forma más sencilla. Cuanto más aumenten los ciclos respiratorios (y, por tanto, los beneficios de la técnica), más requerirá un cierto nivel de práctica (por ejemplo, si se quiere inspirar en veinte segundos y espirar por la otra fosa nasal durante veinte segundos).

¿Cuándo se debe hacer este ejercicio?

Como el ejercicio es bastante largo, te sugiero que lo hagas una noche tranquila.

Respirar caminando

Éste es uno de mis ejercicios favoritos para tranquilizar la mente. Tiene la ventaja de que puede hacerse mientras se va de un sitio a otro, por lo que hay muchas oportunidades para practicarlo.

Aquí te explico cómo hacerlo:

- Inspira y espira por la nariz.
- Inspira al dar un paso, espira al dar un paso.
- Luego inspira en dos pasos y espira en dos pasos.
- Continúa inspirando en tres pasos, y espira en tres pasos.
- Ve alargando las inspiraciones y las espiraciones, hasta inspirar en diez pasos y espirar en diez pasos.
- Luego hazlo a la inversa: ve disminuyendo la duración de las inspiraciones y de las espiraciones hasta que solo duren un paso cada una.

Si tienes dificultades, vuelve a disminuir la duración de la inspiración y la espiración y mantente así hasta que te sientas cómodo antes de volver a alargarlas. Intenta relajarte lo máximo posible durante todo el ejercicio.

¿Cuáles son los beneficios de este ejercicio?

Al combinar el caminar, una actividad que no requiere esfuerzo, con una cuenta mental que ocupa tus pensamientos, concentras tu mente mientras descansa tu cuerpo. De este modo, reduces tu estado de estrés a lo largo del paseo.

¿Quién puede hacer este ejercicio?

Todo el mundo, es fácil de hacer, al menos antes de que las inspiraciones y las espiraciones empiezan a ser muy largas, y

El sonido «Om»

El sonido «*Om*» se utiliza en la tradición budista, aunque su significado y uso pueden diferir ligeramente dependiendo de las escuelas y tradiciones.

En el budismo, el sonido «*Om*» (o «*Aum*») se considera sagrado. Representa la naturaleza del universo y la esencia de la realidad última. Este sonido se utiliza a menudo en las prácticas de meditación para ayudar a centrarse y conectar con la naturaleza divina del universo.

También se utiliza a menudo en las prácticas de yoga y meditación para ayudar a regular la respiración, la relajación y la concentración. Por ejemplo, el sonido «*Om*» puede sincronizarse con la respiración en cada sílaba, y con una respiración profunda y regular, favorecer la relajación y la meditación.

- Para practicar «*Om*», siéntate cómodamente con las piernas cruzadas.
- Cierra los ojos.
- Inspira tan profundamente como puedas y haz una pausa con los pulmones llenos para reajustar la postura.
- Espira mientras vocalizas «*Om*», manteniendo la eme («mmmmm») el mayor tiempo posible, y una postura erguida.
- Al final de la espiración, tómate el tiempo de reajustarte para poder inspirar de nuevo al máximo de tu capacidad.
- Practica durante al menos diez minutos cuando decidas hacerlo.

¿Cuáles son los beneficios de este ejercicio?

El sonido, la larga espiración y la concentración favorecen la calma de la mente y la activación del sistema parasimpático, que conduce a la relajación.

¿Quién puede hacer este ejercicio?

Es adecuado para las personas con un buen control de la respiración, ya que la espiración debe poder mantenerse sin tensión.

¿Cuándo se debe hacer este ejercicio?

Éste es un ejercicio que requiere cierto tiempo. Recomiendo hacerlo al final del día, pero no especialmente antes de ir a dormir.

Razones de una eficacia limitada

Todos estos ejercicios tienen un efecto real sobre nuestro cuerpo y nuestra mente. Pero seamos sinceros, ¿has conseguido dormirte en menos de cinco minutos con el 4/7/8? ¿Has logrado detener el flujo de pensamientos con la respiración abdominal y, si es así, has sido capaz de mantener ese flujo silencioso durante más de cinco minutos? ¿Se ha ralentizado y permanecido estable el corazón en este nivel al final de tu coherencia cardíaca?

Si estás leyendo este libro sin haber practicado nunca la respiración consciente, es probable que no. Te habrás sentido bien mientras hacías la mayoría de los ejercicios, pero nada más, y es una pena porque estas técnicas pueden proporcionarte muchos beneficios. Puedes conseguir un oxímetro para controlar tu pulso u otros aparatos de medición de constantes fisiológicas para comprobar si la práctica de estos ejercicios tiene un efecto objetivo en ti.

Repito, estas técnicas funcionan, y muy bien incluso; los testimonios de mis alumnos demuestran que tienen un efecto real. La razón es que no son simples ejercicios, sino que se basan en los principios de cómo funciona nuestro cuerpo. A partir de estos principios se pueden crear cientos de técnicas, pero esa no es la cues-

Otro problema asociado a la tensión muscular es la disnea. Cuanta más tensión se tiene, más disminuye la tolerancia a la sensación de falta de aire. Esto se llama disnea. Pero si puedes ir aumentando el tiempo de cada respiración, la disnea aparecerá cada vez más tarde. Por desgracia, esta sensación también es causa de estrés. Así que tienes que mejorar tu capacidad para afrontarla, de modo que puedas utilizar técnicas de respiración para reducir tu estrés. Probablemente estés pensando que esto es la pescadilla que se muerde la cola, y no te equivocas...

Por último, la tolerancia al dióxido de carbono es un factor clave para poder realizar respiraciones más largas. Cuanto más tiempo se respira, menos rápidamente se elimina el dióxido de carbono acumulado en la sangre. Sin embargo, tenemos receptores de dióxido de carbono que nos permiten reiniciar automáticamente la respiración cuando el nivel de dióxido de carbono (y sus consecuencias) es demasiado elevado. En caso de respiración disfuncional, aumenta la frecuencia respiratoria. No es de extrañar que el estrés sea una de las causas de que esto ocurra. El aumento de la ventilación hace que los receptores de dióxido de carbono estén en contacto con una concentración cada vez menor de este gas, lo que los hace más sensibles al mismo y, por tanto, más reactivos antes (Boulet, Tymko *et al.*, 2016). La consecuencia de esto es que cuando alargamos la respiración corremos el riesgo de estar en lucha constante con el reflejo respiratorio desencadenado por el dióxido de carbono. Esto también causará estrés, ya que el cuerpo no recibe la cantidad de aire necesaria para funcionar.

Éstos son los tres problemas de la respiración prolongada cuando no estamos preparados para enfrentarlos. La consecuencia es que los ejercicios de respiración tenderán a excitar el sistema nervioso autónomo en lugar de calmarlo, desencadenando estrés.

El problema de una mala mecánica respiratoria

Respirar también es un problema mecánico. Por cierto, digo «respirar», pero el término correcto es «ventilar». Este problema puede compensarse en parte trabajando la capacidad de tolerar respiraciones más largas ajustando la tolerancia al dióxido de carbono, pero esto nunca será tan eficaz como «reparar» la mecánica ventilatoria.

La mala ventilación es el problema del huevo y la gallina... ¿Ventilo mal porque estoy estresado, o estoy estresado porque ventilo mal? Una mala ventilación conducirá inevitablemente a un aumento de la frecuencia respiratoria y, por tanto, de los niveles de estrés. A la inversa, el estrés aumentará la frecuencia respiratoria hasta el punto de la hiperventilación (Schleifer, Ley et al., 2002), lo que a largo plazo puede mantener la mecánica ventilatoria en este estado mediante la adaptación muscular.

En todo caso, es necesario interesarse por la propia ventilación si se quiere ser capaz de ejecutar estas técnicas respiratorias.

¿Cuáles son las consecuencias de una mala ventilación? En primer lugar, tendrás dificultades para establecer la fase abdominal de tu ventilación sin forzar. Por lo tanto, tu respiración será demasiado alta y no podrás llenar tus pulmones de forma óptima. A continuación, tendrás que hacer un esfuerzo para contrarrestar la tensión muscular asociada a la mala postura provocada por una mala ventilación. La consecuencia es que te verás obligado a esforzarte a respirar de este modo, y en lugar de relajarte te estresarás más.

Por último, una mala ventilación favorece la aparición de dolores musculares, como ciertas lumbalgias crónicas. Este dolor también interferirá en las respiraciones largas, ya que el cuerpo

fuentes de estrés en cuanto se dedica un poco de tiempo a hacer una tarea poco complicada (como respirar), la mente divaga y devuelve los pensamientos a lo que va mal. En cuanto la mente empiece a divagar, tu nivel de estrés volverá a aumentar. Aquí radica el problema: los ejercicios de respiración son una tarea poco complicada que deja mucho espacio a la mente.

Ciertos ejercicios que requieren contar pueden mantener tu mente ocupada durante un rato, pero si no tienes cuidado, el problema reaparece enseguida. Por eso, a algunas personas, estas técnicas no les resultan útiles.

Una mente hiperactiva reduce mucho la eficacia de estas técnicas, y una mente activa es una de las consecuencias del estrés. Otra vez ese círculo vicioso...

¿Cómo podemos aprovechar al máximo las técnicas respiratorias?

Puede que te preguntes por qué me he tomado la molestia de explicar estas técnicas respiratorias si no son eficaces tal y como están planteadas.

Es una pregunta legítima. En primer lugar, lo he hecho para que puedas comprobar los efectos que estos ejercicios de respiración tienen en ti. Es importante experimentar los diferentes estados inducidos por estas técnicas para refinar tus sensaciones. Aunque algunos estados no sean duraderos u otros sean difíciles de alcanzar, la variedad de ejercicios te seguirá permitiendo experimentar cómo diferentes técnicas de respiración provocan distintos fenómenos en ti, y ello te ayudará a motivarte para ir más allá. Además, es el comienzo de una educación en la consciencia corporal y mental. Ser capaz de diferenciar entre los estados sutiles que estas diferentes técnicas producen en ti te ayudará a conocerte mejor.

Además, dependiendo de tu nivel actual de estrés y de tu experiencia con la respiración, determinadas técnicas pueden resultarte eficaces. Si encuentras una que funciona inmediatamente, ¡úsala para reducir tu estrés! Sus efectos no serán permanentes, pero si puedes reducir tu nivel de estrés de vez en cuando, tu cuerpo y tu mente te lo agradecerán. En cuanto a las técnicas que no te aportan nada, olvídalas por el momento. Te serán muy útiles cuando hayas realizado un trabajo en profundidad. De hecho, utilizarás algunas de ellas para llevar a cabo dicho trabajo. Cuando el cuerpo esté preparado, formarán parte de las técnicas de mantenimiento y progresión para mantener un estado relajado y calmado. Esto es lo que veremos en el próximo capítulo.

go, hay una realidad muy material y física que nos recuerda a la mayoría de nosotros que el pensamiento positivo tiene sus límites. Si el cuerpo funciona mal porque ha adquirido una mala postura a lo largo del tiempo, no es hablando o pensando sobre ello como se va a recuperar el equilibrio. Es actuando. Esto no significa dejar la mente fuera de la ecuación, eso también sería un error, pero, según el enfoque del método REBO2T, el punto de partida es el cuerpo.

En este capítulo, veremos cómo poner en práctica esta estrategia para devolver el estrés al lugar que le corresponde como fenómeno de adaptación. Nuestra estrategia para salir de un estado de estrés consiste en seguir tres pasos muy concretos.

El primer paso es restablecer la capacidad de adaptación del organismo. El estrés crónico mantiene al organismo en un estado de sobreexcitación y tensión. Ya no es capaz de volver a un estado neutro y permanecer en él. Nuestro trabajo en esta etapa es restaurar la plasticidad del cuerpo y del sistema nervioso vegetativo para que puedan volver más fácilmente a un estado neutro. Esta etapa no nos permitirá permanecer en ese estado de forma permanente, pero nos dará la oportunidad de hacerlo más adelante.

El segundo paso es hacerse consciente del estrés y de sus manifestaciones, y aprender a cortar inmediatamente la oleada de estrés cuando aparezca. De este modo, se evita que el estrés se acumule en el cuerpo con el paso del tiempo y no se permite la somatización. Poco a poco, podrás salir de un estado de estrés crónico. Al final de esta etapa, sentirás una energía renovada y los problemas relacionados con la somatización se reducirán de forma considerable.

En la tercera etapa nos ocuparemos más de la mente, llevando a cabo un gran trabajo sobre las emociones que se tratarán exhaustivamente más adelante. En esta parte, veremos nuestros valores y sus consecuencias en nuestro comportamiento y nuestra comprensión de las situaciones. Como vimos en la introducción, la intensidad del estrés está estrechamente relacionada con la ponderación de nuestra experiencia y nuestras creencias. Trabajar nuestros valores significa ajustar esta ponderación. Esta etapa es también la más transformadora, tanto mental como físicamente. Al final de ella, serás menos propenso a desarrollar estrés social porque tendrás claras las situaciones de tu vida en que es probable que lo experimentes.

Una vez recorridas estas tres etapas, serás capaz de controlar el estrés y serás mucho más resiliente ante los factores estresantes. Entonces, mediante un mantenimiento regular, podrás preservar el estado energético que requieras dependiendo de las necesidades. Ten siempre en cuenta que la energía no es gratuita y que siempre necesitas un periodo de descanso cuando quemas mucha.

Así que estudiemos más de cerca las tres etapas y los ejercicios asociados.

REDESCUBRIR UN CUERPO CAPAZ DE TRANSFORMARSE

La primera etapa consiste en redescubrir un cuerpo capaz de transformarse para dejar de estar dominado por el estrés. Para ello, trabajaremos sobre el cuerpo y el sistema nervioso autónomo. Al reducir sus respectivos estados de excitación, será más fácil provocar el cambio.

RELAJAR EL CUERPO

Empecemos por el cuerpo. Un cuerpo estresado es un cuerpo tenso e inmóvil. Este estado está relacionado con una gran somatización, como hemos visto antes, y a una hiperreactividad de los tejidos ligada al estado simpático. El problema es que este estado le indica al cerebro que probablemente hay una razón para estar estresado, así que seguimos estresados. Vamos a empezar por los tejidos para cortar este bucle. Para ello, utilizaremos técnicas de respiración y movilidad.

Respiración inversa de pie

Ya hemos hablado de la respiración inversa al describir técnicas de respiración útiles para relajarse. Aquí vamos a usar una variante más mecánica que tendrá el efecto de masajear y estirar la zona abdominal y, por tanto, todos los músculos lisos y fascias viscerales, que son las primeras en reaccionar al estrés.

Vas a realizar esta respiración de la siguiente manera:

- Ponte de pie con los pies separados el ancho de las caderas y con la cabeza estirada hacia arriba. Coloca la lengua contra el paladar, con la punta entre los incisivos.
- Inspira por la nariz, llevando el ombligo hacia dentro y hacia arriba, como si se quisiera tocar la columna vertebral.
- Espira por la nariz, pero expulsando el aire por la parte posterior de la garganta, como si quisieras empañar una ventana con la boca, mientras relajas el abdomen.
- Al inspirar, intenta alargar tu columna. Al espirar, mantén la estructura corporal en la misma posición que en la inspiración. En la siguiente inspiración, debes estar aún más erguido.
- Practica esta respiración durante al menos cinco minutos.

Respiración explosiva

La respiración explosiva es la respiración mecánica más potente contra los problemas de somatización cuando se realiza correctamente. Su aprendizaje es un poco técnico, pero merece la pena. Debes practicarla en cuanto notes una sensación de estrés o inmediatamente después de vivir una situación estresante. Para hacerlo, procede de la siguiente manera:

- De pie, sentado o tumbado (sí, es práctico), espira por la boca, expulsando el aire como si tosieses (contracción isométrica del diafragma y contracción del músculo transverso).
- Inspira con normalidad por la nariz, frunciendo los labios para impedir que el aire pase por la boca.
- Repite el ejercicio a un ritmo bastante elevado, de aproximadamente un ciclo por segundo.

(Puedes consultar mi canal YouTube *Art de la respiration* o mi sitio web artdelarespiration.fr).

Debería ser posible mantener esta respiración durante un minuto sin ningún esfuerzo particular con la práctica. En ningún momento debe generar una sensación de hiperventilación y de que te da vueltas la cabeza. Si notaras algo así, es porque tu inspiración ha sido activa y no pasiva.

Apneas en vacío y respiración explosiva

Las apneas en vacío son una herramienta que utilizo mucho en mi trabajo respiratorio. Su versatilidad es muy apreciable, además ayudan a gestionar el estrés y a preparar el cuerpo para la relajación. En este ejercicio, vamos a utilizar las apneas en vacío para revelar las tensiones internas presentes en nuestro torso y luego liberarlas usando la respiración explosiva. Vas a hacer el siguiente ejercicio:

- Túmbate cómodamente.
- Respira profundamente durante unos segundos.
- Inspira tan profundamente como puedas, espira con normalidad, sin forzar, relájate y quédate en apnea.
- Aguántala hasta que sientas aparecer los primeros espasmos en el pecho o la garganta.
- Coloca la mano en la zona del espasmo.
- Respira de forma explosiva, concentrándote en la zona que está bajo tu mano, hasta que no sientas más tensión.
- Repite.

En la siguiente apnea, la zona que acabas de trabajar no debería reaccionar tanto. Si no es así, vuelve a empezar. Si ya no reacciona, busca la siguiente zona durante la apnea en vacío y haz lo mismo que antes.

De este modo, movilizarás tus tensiones internas y te relajarás.

Apneas completas y respiración explosiva

Las apneas completas también pueden ser una muy buena herramienta de estiramiento interno. De hecho, la presión interna del aire en los pulmones provoca tensión en los tejidos y músculos, creando una situación de estiramiento. Ésta es una buena forma de movilizar los tejidos. Con la respiración explosiva vamos a ser capaces de amplificar la movilidad ganada mediante los estiramientos.

Para realizar este ejercicio:

- Túmbate cómodamente.
- Inspira profundamente.
- Aguanta la respiración durante diez segundos.
- Relájate con los pulmones llenos.
- Espira con normalidad, sin forzar.
- Haz una respiración explosiva durante treinta segundos.
- Repite el ejercicio.

Entre cada serie, tómate el tiempo necesario para observar los cambios, el aumento de la movilidad y hacerte consciente de las zonas que aún están tensas para poder relajarlas más específicamente la próxima vez.

Las cuatro respiraciones

Éste es un ejercicio que he desarrollado para movilizar en profundidad los tres plexos fasciales principales del busto: el plexo pélvico, el plexo diafragmático y el plexo cervical. Esta técnica crea movimiento en estas zonas, a menudo demasiado rígidas. He aquí cómo hacerlo:

- Sentado con la espalda recta, respira profundamente una o dos veces antes de empezar el ejercicio.
- Durante veinte segundos, realiza la respiración inversa.
- Durante veinte segundos, haz la respiración explosiva.
- Durante veinte segundos, echa la cabeza hacia atrás, abre la boca y saca ligeramente la lengua, luego jadea como un perro sin aliento.
- Durante veinte segundos, coloca el dedo índice entre los ojos e inspira por la nariz, orientando el dedo con el flujo de aire, luego espira por la nariz.
- Repite el ciclo al menos cinco veces.

Al final del ejercicio, respira profundamente unas cuantas veces para hacerte consciente de las zonas del cuerpo que has liberado durante la práctica.

> «Respirar entre los ojos es útil para la concentración, pero también para despejar la cabeza cuando se está alterado».
>
> ANNE

Liberar la tristeza

La tristeza es una emoción que nos permite aceptar el abandono o el fin de algo. La tristeza que no se manifiesta impedirá que se produzca este proceso, lo que provocará estrés porque buscaremos una solución a lo que no puede ser de otra manera. Volveremos sobre las emociones en el próximo capítulo.

La tristeza se aloja en la caja torácica y en la garganta a través de tensiones muy físicas. El ejercicio que propongo ayuda a relajar esa zona. Pueden aparecer manifestaciones vegetativas como lágrimas, bostezos y, por supuesto, contracciones que te hacen sentir triste, como el nudo en la garganta. Estas manifestaciones son señal de que los tejidos se están moviendo y de que se está creando espacio y movilidad. Así que deja que ocurran sin intentar intervenir ni controlar.

He aquí cómo hacer este ejercicio:

- Túmbate cómodamente. No dudes en cubrirte con una manta, ya que el ejercicio es largo y tu cuerpo puede enfriarse.
- Coloca las manos planas sobre el pecho y centra tu atención en ese punto de contacto.
- Al inspirar, aleja las manos del pecho.

- Al espirar, suelta el aire como si estuvieras sollozando, y deja que tus manos «entren» en tu pecho.
- Practica este ejercicio durante al menos diez minutos.

Experimentarás cambios de diferentes tipos; a veces notarás sensaciones muy fuertes, y luego nada durante varios minutos. Continúa de todos modos, porque es muy posible que aparezcan nuevas sensaciones inesperadamente.

Movimientos y movilidad interior

Además de la respiración, utilizo algunos movimientos físicos para ayudar a relajar el cuerpo. Son precisos movimientos que abarquen todo el cuerpo y se alimenten del gesto ventilatorio.

Al primer movimiento lo llamo «abrir y cerrar».

- Ponte de pie con los pies separados el ancho de la caderas.
- Extiende los brazos hacia los lados de forma que queden paralelos al suelo, con las manos abiertas y las palmas mirando hacia delante.
- Mientras inspiras por la nariz, gira las muñecas de modo que lleves la palma de la mano hacia atrás, pasando por la posición de la palma hacia arriba.
- Permite que esta torsión abra la caja torácica y lleva el torso y la cabeza ligeramente hacia atrás.
- Al espirar por la nariz, haz el giro en sentido contrario, de forma que el torso se incline hacia delante y se te redondee la espalda.
- A continuación, repítelo en la siguiente inspiración y practícalo durante unos cinco minutos.

El segundo movimiento se llama «barril»:

- Flexiona las piernas como si estuvieras sentado en una silla.
- Estira la cabeza.
- Coloca los brazos como si llevaras un gran barril, con los dedos de las manos estirados.
- Gira el torso para levantar el barril por encima de la cabeza y, a continuación, vuelve a bajar a la posición con una inspiración nasal.
- Al espirar por la nariz, repite en la dirección opuesta.
- Practica el ejercicio durante cinco minutos.

Relajar la mente

Además de trabajar el cuerpo, también hay que trabajar la mente, pues, igual que el cuerpo necesita ser flexible y estar preparado para los cambios, la mente debe ser mucho más plástica. Así que aquí veremos algunos ejercicios para ayudarte a poner esto en práctica.

Sin embargo, antes de empezar, vamos a aclarar que el término «mental» hace referencia al estado de excitación de nuestro sistema nervioso y también a los mecanismos mentales. Por lo tanto, vamos a actuar sobre estos dos aspectos, uno que tiende más hacia lo fisiológico y otro que se relaciona con lo psicológico.

Teniendo esto en cuenta, veamos los ejercicios en cuestión.

Respiración rítmica

La respiración rítmica es una técnica respiratoria derivada de la respiración explosiva y que es mental en un 90%. En el método REBO$_2$T, he usado esta respiración para trabajar el aspecto psicológico del estrés. Es una técnica que debe utilizarse siempre que una situación perturbe la mente.

Se puede practicar de la siguiente manera:

- De pie, sentado o tumbado.
- Mantén los labios fruncidos.
- Espira como si quisieras emitir un silbido muy corto. La presión abrirá los labios para que salga el aire y tan pronto como esté fuera, los labios se volverán a fruncir.
- Inspira con normalidad, dejando que el aire entre por la nariz.
- Vuelve a empezar.

Intenta mantener un ritmo de al menos una respiración por segundo. Si lo practicas bien, sentirás que mueves principalmente la zona torácica superior.

3/3/6/3

El patrón 3/3/6/3 es uno de los que desarrollé para las personas que no están particularmente bien entrenadas, una herramienta sencilla para potenciar el sistema vegetativo parasimpático, manteniendo al mismo tiempo la claridad mental. Esto la convierte en una técnica ideal para el día en que quieres aliviar la presión.

He aquí cómo hacerlo:

- En posición sentada.
- Inspira por la nariz en tres tiempos sin hacer ningún esfuerzo para inspirar más.
- Aguanta la respiración durante tres segundos.
- Espira por la nariz en seis tiempos de la manera más natural posible, sin intentar forzar la espiración.

- Aguanta sin aire tres segundos.
- Repite el ciclo durante al menos cinco minutos.

Mientras practicas, observa cómo disminuyen tus pensamientos y te relajas.

2/6/6

A medida que te sientas más cómodo con la respiración, podrás cambiar el 3/3/6/3 por el 2/6/6. Esta variante del 2/6 también permite relajar el cuerpo y calmar la mente sin perder el estado de alerta.

En este ejercicio, vamos a respirar en tres fases, inspiración, pausa inspiratoria y espiración.

- Posición sentada.
- Inspira por la nariz, sin forzar la inspiración, contando mentalmente hasta dos.
- Luego aguanta el aire dentro durante seis segundos.
- Por último, espira en seis segundos.
- Repite y practica durante al menos cinco minutos.

Este ejercicio pondrá inmediatamente en reposo tus pensamientos y, con el tiempo, hacerlo te permitirá volver rápidamente a este estado de calma mental.

Respiración de la abeja

Ya hemos visto la respiración de la abeja. Te aconsejo que, antes de hacer este ejercicio, practiques con otros tipos de respiración para que puedas alargar tus tiempos de espiración.

A continuación te explico cómo practicarla:

- Siéntate con la espalda bien recta.
- Coloca un pulgar en cada oreja y un dedo corazón en cada párpado, sin presionar.
- Inspira por la nariz llenando bien los pulmones, estirando la cabeza todo lo posible.
- Espira por la nariz con la boca cerrada, emitiendo un sonido parecido al de las alas de una abeja. Aquí vamos a añadir un detalle importante, intenta hacer vibrar la parte posterior de tu cráneo.
- Mantén la espiración el mayor tiempo posible.
- Al espirar, tápate los oídos con los pulgares y aplica una presión muy ligera sobre los párpados con los dedos corazón.
- Continúa tanto tiempo como quieras o hazlo al menos durante diez minutos.

Después de esta sesión, tómate tu tiempo antes de reanudar tus actividades.

Reconocer y prestar atención a la aparición del estrés

La segunda fase consiste en ser más consciente del estrés y de sus efectos sobre el cuerpo y la mente. El objetivo es evitar que se acumulen los efectos del estrés, que influirán cada vez más en nuestra capacidad para volver a un estado de equilibrio.

La estrategia es bastante sencilla: utilizar ejercicios generadores de estrés para aprender a neutralizarlo y adquirir el hábito de anotar las cosas que nos hacen sentir estresados a lo largo del día y preguntarnos por qué.

¿CÓMO SE MANIFIESTA EL ESTRÉS EN EL CUERPO?

¿Cómo nos enfrentamos al estrés? Por supuesto, todos sabemos lo que es el estrés, pero ¿lo conocemos realmente? ¿Sabemos cómo se manifiesta? ¿Dónde? ¿Durante cuánto tiempo? ¿Es siempre igual?

Para responder a estas preguntas, vamos a inducir deliberadamente un estado de estrés en el cuerpo y observar sus efectos. Veremos cómo hacerlo con los siguientes ejercicios.

Apnea en vacío para revelar la reacción del organismo al estrés
Un método sencillo, rápido y absolutamente seguro de generar estrés es la apnea en vacío. En unos pocos segundos, la apnea en vacío puede desencadenar un estado de estrés en el organismo, lo que nos brinda una oportunidad para observar sus efectos en nosotros. Cuanto menos bueno seas haciendo la apnea, más eficaz será el ejercicio, porque podrás observar la aparición del estrés rápidamente.

Para practicar, empieza tumbándote cómodamente.

- Inspira todo lo que puedas por la nariz.
- Espira de forma natural, sin forzar.
- Luego mantén la apnea en vació, permaneciendo lo más relajado posible.
- Observa las zonas que empiezan a tensarse cuando la apnea empieza a resultarte desagradable, pero no difícil.
- Inspira de nuevo antes de que te resulte muy complicado mantener la apnea.
- Recupérate, observa qué zonas de tu cuerpo se han tensado.
- Repite el ejercicio.

Esta práctica es muy eficaz para hacerse consciente de la tensión que acumulamos en ciertas partes del cuerpo. Cuanto más hagas este ejercicio, más familiarizado estarás con esta sensación y más capaz serás de reconocerla.

Alargar la respiración

Otra forma de generar estrés para observar y eliminar sus manifestaciones corporales es combinar la disnea con un control muscular fino. Para ello, utilizo un ejercicio que llamo «alargar la respiración».

El objetivo es alargar el tiempo de los ciclos respiratorios tanto como sea posible, mientras relajamos las tensiones ligadas al estrés que vayan apareciendo. Para eliminarlas a medida que avanzamos progresivamente, vamos a crear espacio con el automasaje, aplicando presión en la zona tensa, pero también movilizando el cuerpo alrededor de estas zonas. Así que no dudes en moverte mucho durante este ejercicio.

A continuación te explicamos cómo hacerlo:

- Realiza este ciclo respiratorio empezando por el abdomen.
- Inspira por la nariz en un tiempo (o lo que tú decidas).
- Espira por la nariz en un tiempo (debe durar lo mismo que la inspiración).
- Repite el ejercicio inspirando en dos tiempos y espirando en dos tiempos.
- Continúa alargando el tiempo de la inspiración y la espiración, observando cómo se tensa el cuerpo y dificulta la respiración.
- Cuando notes que has llegado a un tiempo de inspiración y espiración que te genera una excesiva tensión, mantente respirando así hasta que sientas que puedes soportar ese es-

trés corporal. Entonces moviliza y masajea las zonas tensas para que puedas seguir alargando la respiración.

- Añade unos segundos más hasta que te bloquees y ya no puedas seguir alargando tu respiración. Ahora ve reduciendo dos segundos los tiempos de la inspiración y espiración cada vez que respires, hasta que inspires en tres segundos y espires también en tres segundos.

Luego observa tu respiración para ver los cambios y el aumento de la libertad de movimiento.

Pensar en el estrés

Como hemos visto, el estrés puede ser activado por los pensamientos, así que vamos a utilizarlos para provocar estrés y observar cómo responde el cuerpo. La forma más sencilla de hacerlo es recordando situaciones que te hayan estresado. Empieza con un estrés moderado para ir pasando gradualmente a un estrés más intenso. Luego utilizarás situaciones que temas para inducir la reacción de estrés.

- Siéntate o túmbate.
- Cierra los ojos.
- Inspira en seis tiempos, espira en cuatro tiempos.
- Al inspirar, recuerda la situación.
- Al espirar, observa los cambios que se producen en tu cuerpo.
- Repite el ejercicio recordando la misma situación o cambiándola si no notas ningún efecto.
- Observa cómo reacciona tu cuerpo.

Compara estas reacciones con las que te producía la apnea en vacío. Las zonas tensionadas suelen ser las mismas en ambos ejercicios.

Otras exposiciones al estrés

Cualquier exposición al estrés que no sea peligrosa y que resulte fácil de poner en práctica es una buena manera de aprender a reconocer el estrés y familiarizarse con él. Así que voy a sugerir otros inductores de estrés que son fáciles de utilizar.

Uno es el frío. Podemos experimentarlo durante tres cuartas partes del año, ya que una simple ducha es todo lo que necesitas para sentirlo. Pasar cinco minutos en el agua a unos doce grados es suficiente para generar estrés. Si decides hacerlo, observa las reacciones de tu cuerpo. No es necesario permanecer en el agua más de diez minutos.

El dolor también es un buen inductor de estrés.

Sin embargo, si deseas utilizar esta opción, hay varios puntos que debes tener en cuenta. En primer lugar, el nivel de dolor debe ser lo suficientemente bajo como para que permanezcas lúcido durante la observación. En segundo lugar, el dolor debe ser continuo y no aparecer de repente. Por último, por supuesto, no debe producir lesiones. A menudo uso *kettlebells* o pongo rodillos de masaje en los cuádriceps, algo que resulta doloroso para la mayoría de las personas. También puedes centrarte en la *fascia lata*.

En cualquier caso, utiliza estas variaciones para observar cómo aparece y actúa el estrés en tu cuerpo.

Cómo neutralizar el estrés

Ahora que te has familiarizado con el estrés y cómo se produce, el objetivo es neutralizarlo tan pronto como aparezca para evitar que se desarrolle un círculo vicioso, ya que la acumulación de estrés mantiene tu cuerpo en un estado de alerta constante, diciéndole a tu sistema nervioso que no puede relajarse.

Por tanto, vamos a tratar de que el estrés no se acumule una vez resuelto el motivo de su aparición. La estrategia consiste en mover la zona tensa en el momento en que se experimenta estrés para evitar que los tejidos se contraigan demasiado y el cuerpo se mantenga en estado de estrés.

Veamos algunos ejercicios que pueden ayudarnos a conseguirlo.

Apnea en vacío seguida de respiración explosiva

Vamos a utilizar de nuevo la apnea en vacío para estimular las zonas que el estrés tensa y que habrás identificado en la sección anterior. La diferencia aquí es que vamos a forzar la apnea un poco más y a acabar con la respiración explosiva para movilizar las áreas tensas. Utilizaremos el principio «contraer, liberar» para relajar los tejidos.

He aquí cómo hacerlo:

- Túmbate.
- Inspira profundamente y luego espira de forma natural.
- Aguanta la apnea en vacío.
- Espira el poco aire que te quede en los pulmones.
- Prepara tu respiración explosiva.
- Mantén la respiración explosiva el triple de tiempo que la apnea en vacío (por ejemplo: un minuto de apnea en vacío, tres minutos de respiración explosiva).
- Repite el ejercicio tres veces.

Debes sentir con cada ciclo que puedes durar más tiempo sin tener dificultades. Si no es así, significa que tu recuperación no es lo suficientemente larga.

Prolongar la respiración, masajear y movilizar

El ejercicio de alargar la respiración es un imprescindible del método REBO2T. El principio es sencillo: con el tiempo, alargas tu respiración. Al hacerlo, se pueden identificar las zonas del tronco que tienen poca movilidad y que nos impiden respirar cada vez más profundamente.

En esta versión del ejercicio, vamos a añadir estiramientos y automasajes para relajar y movilizar las zonas menos móviles. He aquí cómo hacerlo:

- Puedes hacerlo tumbado o sentado.
- Inspira y espira por la nariz, utilizando toda tu capacidad respiratoria.
- Empieza inspirando durante un tiempo y espirando un tiempo.
- Luego inspira durante dos tiempos y espira durante dos tiempos.
- Continúa de este modo hasta alcanzar diez tiempos de inspiración y diez tiempos de espiración.
- Luego ve reduciendo los tiempos hasta volver a un tiempo inspirando y un tiempo espirando.

Ten en cuenta que se trata de tiempos arbitrarios. Lo más fácil es usar segundos, pero si eso es demasiado largo para ti, puedes hacer menos. Fíjate en las zonas que te impiden ventilar correctamente e intenta estirarlas, moverlas y presionarlas para eliminar la tensión en ellas. Comprueba que te sientes cómodo con los tiempos de tu respiración antes de alargar la inspiración y la espiración de nuevo.

Contraer y soltar

Ésta es una técnica potente y sencilla cuando se han realizado previamente los ejercicios anteriores. Consiste en combinar contracciones de apnea seguidas de una espiración larga mientras se relaja.

- Túmbate cómodamente.
- Inspira de forma natural, sin forzar.
- Aguanta el aire dentro.
- Contrae todo el cuerpo, sin hacer demasiada fuerza.
- Mantén la contracción y la apnea durante unos quince segundos.
- Espira prolongadamente, soltando el cuerpo.
- Repite.

Haz el ejercicio durante al menos cinco minutos.

Temblor

El temblor es un movimiento reflejo natural que se produce cuando el cuerpo está sometido a un gran estrés. Algunos autores consideran que temblar tras un acontecimiento estresante ayuda a eliminar cualquier somatización posterior al acontecimiento. Este reflejo se da en la mayoría de los mamíferos. En los humanos, está muy inhibido para evitar llamar la atención socialmente, lo que, según algunos autores con los que estoy de acuerdo desde un punto de vista empírico, causa una somatización que mantiene a la persona en un estado de estrés. El ejercicio de liberación del trauma (ELT) es una técnica que consiste en hacer temblar a la persona para eliminar el estrés somatizado (Berceli y Napoli, 2006).

Aquí, voy a proponer una técnica de sacudida que utilizo, basada en la forma respiratoria más que en la generación de fatiga muscular del ELT.

Para practicar, empieza tumbándote en una colchoneta. Evita una superficie blanda, como un colchón.

- Una vez tumbado, estira la cabeza mientras contraes el abdomen como en una respiración inversa.
- Inspira por la nariz manteniendo esa posición y espira también por la nariz.
- A continuación, lleva los talones hacia las nalgas y junta las plantas de los pies. Las piernas formarán unas alas de mariposa.
- Coloca las rodillas a unos cuarenta y cinco grados del suelo y relaja las piernas al máximo sin dejarlas caer. Sentirás que las rodillas comienzan a temblar ligeramente mientras intentas encontrar una posición de reposo.
- Amplifica estos temblores voluntariamente estirando la cabeza y la columna vertebral.
- Poco a poco, los temblores se producirán automáticamente.
- Tiembla durante unos minutos, haciendo pausas cada tres o cuatro minutos.

A medida que avances, sentirás cada vez menos temblores. Esto te dará una buena idea del nivel de estrés almacenado en los tejidos y te permitirá neutralizarlo.

Hiperventilaciones

La hiperventilación es una forma clásica de respiración consciente. Su uso, seguido de una larga apnea en vacío, provoca un estrés intenso que puede romper en cierta medida el bucle de estrés crónico al producir una gran cantidad puntual de cortisol. Esta apnea en vacío se ve facilitada por la hiperventilación, que desencadena una hipocapnia que «amortigua» el reflejo inspiratorio (para más información, consulta mi primer libro *La Maîtrise du Souffle*).

En el protocolo siguiente, vamos a hacer cuatro ciclos de respiraciones: una treintena de hiperventilaciones, seguidas de una apnea en vacío y de una apnea con los pulmones llenos de aire y, por último, una apnea en vacío.

- Inspira por la nariz llenando los pulmones en dos tiempos.
- Espira, relajándote al máximo.
- Repite treinta veces.
- En la última espiración, permanece en apnea en vacío durante todo el tiempo que te sientas bien.
- Inspira de nuevo y mantén la apnea con los pulmones llenos de aire durante unos veinte segundos.
- Espira y mantén la apnea en vacío todo el tiempo que desees.
- Repite el ciclo tres veces.

No intentes forzarte a respirar en vacío para mejorar tu apnea, limítate a controlar el estrés.

Comprender tus valores y adaptarlos

Veamos ahora la última etapa del trabajo: comprender cómo funcionamos. Esta comprensión nos permitirá averiguar por qué estamos estresados y afrontar una situación potencialmente estresante de forma más consciente, de modo que nos estresemos menos o no nos estresemos en absoluto.

Nuestra forma de interactuar con el mundo se basa principalmente en nuestros prejuicios, que a su vez se construyen a partir de la experiencia o de nuestra educación/condicionamiento. La razón es que aplicar los comportamientos automáticos ahorra tiempo al no tener que analizar una situación una y otra vez. Algunas personas se han dado cuenta en parte de esto en su vida diaria, por ejemplo, asegurándose de no tener que elegir nunca qué ponerse teniendo sólo la misma ropa en su armario. Barack Obama fue un defensor de esto durante su mandato presidencial, mientras que Mark Zuckerberg ha dicho que su armario se compone de vaqueros y varias camisetas iguales. Para ambos hombres, esto forma parte de su estrategia para ahorrar energía y no tener que tomar decisiones al respecto.

Para eso están los prejuicios y las etiquetas: para simplificar la acción ahorrando energía. La consecuencia es que muchas de tus reacciones son automáticas. Las haces sin pensar por qué. Normalmente, cuando alguien te tiende la mano para saludarte, tú le tiendes la tuya en reciprocidad. O cuando quieres cortar algo del plato, automáticamente eliges el cuchillo. No piensas en la mejor manera de cortar ni en si deberías usar los dedos. Todo esto lleva a la construcción de reacciones automáticas.

El problema surge cuando no somos conscientes de estos comportamientos. La razón es que la relevancia de dichos comportamientos se basa en la suerte: la suerte de haber sido bien educado, la suerte de haber puesto en marcha una reacción automática cuando era necesario...

Sin embargo, a veces puedes tener mala suerte y haber desarrollado una respuesta inadecuada que soportas sin descanso cada vez que estás en una situación idéntica. Peor aún, puede que incluso busques inconscientemente estas situaciones porque en tu programación la situación es necesaria para responder a tu condicionamiento deficiente. Obviamente, es probable que esto te provoque estrés y mantengas este estado a lo largo del tiempo.

Por eso, en el curso del manejo del estrés, vamos a utilizar ejercicios para hacernos conscientes de estos procesos y decidir si vale la pena o no mantenerlos. Este trabajo nos llevará a una herramienta que he desarrollado específicamente: el «árbol de los porqués».

Veamos cómo construirlo paso a paso.

El estado del trabajo profundo

El problema del trabajo introspectivo, que es lo que vamos a tratar aquí, es mantener cierta distancia respecto al sujeto en observación, es decir, uno mismo, lo que es bastante complicado. Por eso es necesario que la mayoría de la gente esté acompañada. En nuestro caso, vamos a utilizar una estrategia que es posible gracias a todo el trabajo previo de estabilización del cuerpo.

Gracias a esta reducción del «ruido corporal», vamos a poder sumergirnos en estados bastante intensos de concentración que permitirán el trabajo de introspección. Para asegurarme de que lo consigues te voy a proponer un protocolo de veinte minutos de práctica introspectiva intensa.

- Busca un lugar tranquilo en el que estar al menos veinte minutos y apaga el teléfono.
- Fija tus objetivos para la sesión escribiéndolos en una hoja de papel.

- Siéntate con la espalda derecha y empieza por establecer una respiración rítmica (pág. 158) durante unos diez segundos.
- Luego continúa con una respiración de tipo fuego. Para ello, inspira y espira lo más rápido posible por la nariz (al menos una respiración por segundo), colocando un dedo entre las cejas.
- Trata de enviar el flujo de aire entre los ojos durante toda la práctica.
- Respira así durante un minuto.
- Haz una pausa de veinte segundos.
- Repite cinco veces.
- A continuación, respira de forma natural por la nariz y comienza tu práctica introspectiva.
- En cuanto sientas que se acumula el estrés (gracias a tu experiencia desarrollada en la parte 2) o que tus pensamientos se descontrolan, vuelve a respirar rítmicamente.

Debes tener la mente despejada con estas herramientas para poder practicar los siguientes ejercicios de introspección.

Hacer listas de situaciones o cosas estresantes cada día

Este ejercicio se realiza mejor al final del día, sentado frente a un escritorio con un cuaderno y un bolígrafo. Primero haz el ejercicio anterior para conseguir un estado apropiado de introspección.

Repasa tu jornada y anota todas las situaciones estresantes (tanto positivas como negativas) a las que te has enfrentado. Escríbelas, intentando recordar la intensidad del estrés que sentiste, y haz una lista con ellas, ordenándolas de mayor a menor intensidad.

A continuación, anota de la misma manera situaciones o cosas que te alteran y estresan. También en este caso, intenta clasificarlas teniendo en cuenta el nivel de estrés que te provocan.

Por último, termina haciendo una lista de las cosas que te gustan, ordenándolas según la intensidad del efecto que producen en ti, de nuevo de más a menos intenso.

A continuación, intenta relacionar situaciones cotidianas con otras situaciones más generales para categorizarlas. Después mira si puedes poner un nombre a cada categoría.

Por ejemplo:

- Hoy me ha estresado conducir porque había mucho tráfico.
- Hoy un factor perturbador me ha imposibilitado hacer en el trabajo lo que tenía pensado. Tengo que rehacerlo todo sin saber si va a volver a ocurrir. He estado estresado todo el día y todavía sigo estándolo.
- Tomar un avión me suele estresar.
- Tengo que ir a una cena donde no conozco a nadie, y eso me estresa.
- Me gusta preparar y organizar mis vacaciones.

Todo esto se puede agrupar bajo el término «necesidad de control».

A medida que pasen los días, fíjate si estás creando nuevas «cajas», si están cambiando las situaciones que intentas controlar o si las situaciones que te están estresando siguen siendo las mismas.

El árbol de los porqués

A partir de las situaciones enumeradas, podremos construir una poderosa herramienta que he desarrollado para cartografiar los mecanismos que nos ponen en dificultades al generarnos estrés de forma inadecuada.

Llamo a esta herramienta el árbol de los porqués. Consiste en rastrear las causas de nuestros mecanismos automáticos para entender por qué nos comportamos como lo hacemos. El resultado es un verdadero mapa de comportamiento que permite reaccionar de forma más consciente y reducir drásticamente la generación de estrés. Un comportamiento que no está adaptado a quién eres y, por tanto, a lo que eres capaz de tolerar, está destinado a generar estrés. Recuerda que el estrés se produce cuando pierdes tu estado de equilibrio. Un comportamiento que no está adaptado a ti te provoca desequilibrio y, por tanto, estrés, pero es posible que otra persona en la misma situación no se sienta estresada en absoluto si ese comportamiento es adecuado para ella.

Comprender los mecanismos automáticos que dirigen tu comportamiento te ayudará a saber por qué los activas y si están adaptados a ti. Con el tiempo, podrás reconfigurar tu forma de reaccionar para que se adapte mejor a lo que eres. Evidentemente, sería interesante contar con ayuda para construir este árbol, pero por si no cuentas con esa ayuda, te explico a continuación cómo puedes hacer tu árbol de los porqués.

¿Cómo se construye este árbol?

Vamos a construirlo desde el extremo visible: las hojas. Cada hoja representa una situación que vamos a analizar. Vamos a preguntarnos por qué la situación va a crear en nosotros una reacción determinada y/o por qué es un problema.

Para simplificar las cosas, vamos a partir de lo que hemos enumerado anteriormente. La primera situación es «coger el coche con mucho tráfico me estresa». Vamos a preguntarnos por qué esa situación te estresó. Una respuesta podría ser porque la gente que te rodea es imprevisible al volante. Eso te dará una rama a tu árbol. Entonces pregúntate qué tiene de malo que la gente sea imprevisible al volante. Tal vez la respuesta es porque resultan peligrosos. Nueva rama. ¿Qué hay de malo en que sean peligrosos? Podrían hacerte daño. ¿Qué tiene de malo que te hagan daño? No tener el control. ¿Qué tiene de malo estar fuera de control? Restringe tu libertad. ¿Por qué eso es un problema? Porque no puedes hacer lo que quieres. ¿Qué hay de malo en ello? Tu vida no tiene sentido si no puedes hacer lo que quieres. ¿Por qué? Porque eso es lo que quieres. Porque eso es lo que eres. ¿Y por qué es un problema dejar de ser lo que eres? Porque pierdes tu identidad. Tu individualidad. ¿Y cuál es el problema entonces? Dejas de existir.

Haciendo esto en varias situaciones, siempre te encontrarás con las mismas razones profundas de tus miedos, y observando las ramas anteriores podrás identificar los comportamientos automáticos que pones en marcha para responder a ellos y que desencadenan la aparición del estrés si no se corresponden con el funcionamiento normal para ti. A continuación, tú decides si crees que esos comportamientos se corresponden o no con lo que eres. Si no es así, ¿por qué no intentar cambiarlos?

Conceptualmente, este trabajo es muy sencillo. El problema depende de si eres capaz de ser lo bastante lúcido para hacerlo. Por eso es necesario utilizar las técnicas para conseguir un estado apropiado de introspección, pues solo así podrás observar quién eres con la mayor claridad posible.

Por último, hay dos escollos principales en esta técnica. El primero es entrar en bucles. Esto significa que tus porqués siempre te llevan al mismo lugar. Si caes en uno de estos bucles, es porque en algún momento no quieres profundizar más. Observa el momento en el que regresas a la casilla de salida y vuelve a hacer la pregunta anterior.

El segundo escollo es trasladar la respuesta al problema al mundo exterior. Este ejercicio trata de ti y de por qué reaccionas como lo haces. Por ejemplo, no te gusta alguien porque se comporta de una determinada manera. Es muy probable que justifiques ese comportamiento diciendo que es perjudicial para los demás. Pero en este caso estás ofreciendo una explicación externa. La pregunta es: ¿Qué te provoca el comportamiento de esa persona? ¿Ira? ¿Tristeza? ¿Envidia o celos? Son tus emociones. Así que es necesario que continúes tu cadena de porqués para averiguar su origen.

> «El árbol de los porqués es una herramienta sencilla y poderosa para explorar las estrategias que utilizamos para intentar alejar nuestros miedos o expresar nuestros valores. Es un ejercicio desagradable pero necesario para revisar las estrategias inadecuadas que nos generan estrés, a fin de eliminarlas o mantenerlas, pero esta vez conscientemente. Cuando hago el ejercicio correctamente, después de todo el trabajo preparatorio, salgo sacudido, como si mi cuerpo y mi mente hubieran sufrido un terremoto».
>
> DAVID

III
LA GESTIÓN DE LAS EMOCIONES

EL ESTRÉS TIENE UN COMPONENTE VARIABLE procedente del hipotálamo. Esta variación dependerá de nuestros juicios, como hemos visto, pero también de nuestras emociones. Por eso es importante entender cuáles son y cómo trabajar con ellas para evitar que aumenten los niveles de estrés.

Cuando hablamos de emociones, también hablamos cada vez más de somatización. Para simplificar las cosas y evitar entrar en detalle en los componentes neurofisiológicos, vamos a hablar de dos formas diferentes de emoción.

La primera es la emoción en reacción a una situación, ya sea la reacción a un estímulo externo o a un estímulo cognitivo, que es interno. En este caso, la emoción se manifestará, provocará una reacción física y fisiológica y luego desaparecerá. Esta parte está generalmente aceptada y muy bien descrita. La segunda es la emoción que se manifiesta debido a tensiones musculares y tisulares persistentes en el cuerpo asociadas a esta emoción específica. Esto está menos consensuado. No obstante, basándome en la literatura y la práctica empírica, me he convertido en un defensor de su existencia. Esta segunda es, de hecho, la causa de los problemas de estrés relacionados con la gestión emocional.

Esto es lo que vamos a analizar aquí.

Las emociones y el estrés

El estrés es una respuesta adaptativa del organismo para movilizar los recursos necesarios a fin de hacer frente a una situación percibida como amenazadora o estresante. Las emociones son reacciones afectivas complejas que implican activación fisiológica, cognición y comportamiento expresivo. A menudo se consideran respuestas a acontecimientos internos o externos que tienen un significado emocional para el individuo. El estrés y las emociones están estrechamente relacionados, ya que el estrés puede desencadenar o modular la respuesta emocional, y las emociones pueden influir en la percepción y la gestión del estrés.

Las emociones y el estrés están regulados por una compleja red de circuitos neuronales en los que intervienen el cerebro, el sistema nervioso autónomo y el sistema endocrino. El cerebro es el centro de procesamiento de las emociones y el estrés, y regiones específicas como la amígdala, el hipotálamo y el córtex prefrontal desempeñan un papel clave en la regulación de estas respuestas, como vimos anteriormente.

Las emociones intervienen en la respuesta al estrés. Pueden determinar las estrategias de adaptación utilizadas y, por lo tanto, repercuten en la capacidad para hacer frente al estrés.

Los estudios han demostrado que las personas con emociones positivas son más resistentes al estrés que las que albergan emociones negativas (Fredrickson, 2001). Por ejemplo, un estudio descubrió que las personas con emociones positivas tenían menos probabilidades de desarrollar síntomas de resfriado tras exponerse a un virus del resfriado (Cohen, Alper *et al.*, 2006). En términos más generales, la regulación de las emociones influye en la esperanza de vida (Trudel-Fitzgerald, Chen *et al.*, 2022).

Además, determinadas emociones tienen efectos fisiológicos específicos en el organismo que pueden afectar a la respuesta al estrés. Por ejemplo, la ira puede provocar un aumento de la presión arterial y el ritmo cardíaco, e incrementar asimismo la liberación de hormonas del estrés como el cortisol (Suls y Bunde, 2005). La tristeza relacionada con el conflicto se correlaciona con una disminución de la actividad del sistema inmunitario y un aumento de la producción de cortisol (Madison, Renna *et al.*, 2023). Estos efectos fisiológicos pueden aumentar la vulnerabilidad al estrés y agravar las consecuencias físicas y mentales asociadas. Extrapolando un poco, podríamos considerar que las emociones pueden mantener el estrés, aunque sólo sea a través de la producción continua de cortisol, por ejemplo. Así que es fácil ver por qué es importante interesarse en la gestión de las emociones.

La somatización emocional

El pensamiento dominante, basado en un enfoque cartesiano, ha tendido a separar el cuerpo de la mente. La psicología y sus derivados son disciplinas que históricamente no se interesaban por el cuerpo, mientras que la medicina y la psiquiatría inicialmente también consideraron los trastornos mentales como anomalías casi anatómicas, lo que justificaba la práctica de la lobotomía, por ejemplo. En 1961, Sasz escribió, y cito textualmente: «La enfermedad mental era un mito». Entre las décadas de 1950 y 1980 se desarrolló una orientación más holística. Engel, un psiquiatra, escribió en *Science* en 1977 acerca de la necesidad de un enfoque más integrador, introduciendo el modelo biopsicosocial, que implica a la biología, la psicología y la sociología para tratar a un paciente (Engel, 1977). En 1954, Maslow propuso su pirámide de necesidades, que crea un vínculo entre las necesidades fisiológicas y el análisis conductual (Maslow, 1954). Sin embargo, este cambio se produjo tarde, así que este enfoque holístico todavía no ha sido suficientemente desarrollado. En efecto, la somatización se encuentra en la encrucijada de estos diferentes mecanismos.

Sin embargo, la idea de que el cuerpo posee una «memoria» que interactúa con nuestra consciencia en una vía ascendente no es nueva. El filósofo Baruch Spinoza sostuvo que la mente y el cuerpo son inseparables e independientes, y que las emociones eran estados que implicaban tanto a la mente como al cuerpo. De ahí que las emociones y el estrés pueden expresarse en el cuerpo en forma de dolor, molestias u otros síntomas sin una razón médica clara. Así que, según el filósofo neerlandés, no todo está en la cabeza...

Spinoza defendía esta idea, pero era filósofo. Desde entonces, los investigadores han abordado experimentalmente el problema, en particular a través del prisma de la resolución del dolor crónico, que a menudo es difícil de entender de forma puramente fisiológica. La somatización se ha convertido así en un importante objeto de estudio para numerosos investigadores interesados en el tema.

Entre estos investigadores, Antonio Damasio es uno de los líderes en el estudio de la somatización. Ayudó a demostrar que las experiencias psicológicas pueden manifestarse como síntomas físicos. Su teoría se conoce como teoría del marcador somático (Damasio, 1996). Su trabajo es notable en nuestro contexto por el hecho de que sugiere que nuestras decisiones y procesos mentales, en particular la toma de decisiones, están influidos por nuestros procesos fisiológicos y ciertos marcadores somáticos (Bechara, Damasio *et al.*, 1997).

Asistimos, pues, a la aparición de una tendencia a reconocer una vía ascendente que parte del cuerpo hacia la consciencia, influyendo así en nuestras emociones y, por tanto, en nuestro estrés. Partiendo de esta observación, creemos interesante examinar un enfoque corporal de la gestión de los problemas emocionales que potencian el estrés.

¿Qué papel desempeña la respiración en todo esto? La respiración es uno de los primeros marcadores somáticos de un estado emocional, ya que cada emoción pone en marcha unos patrones respiratorios específicos, y a su vez esta respiración específica tiene la capacidad de inducir una emoción (Philippot, Chapelle *et al.*, 2010).

La rueda de las emociones

Nuestras emociones influyen en nuestros niveles de estrés, tanto mental como físico. Esta idea está reconocida científicamente, al igual que la universalidad de la localización de las sensaciones emocionales en el cuerpo (Nummenmaa, Glerean *et al.*, 2014). Lo que sigue procede de mi investigación personal y de hallazgos empíricos sobre el tema, sin validación científica específica. No obstante, basándonos en los conocimientos actuales, podemos entender por qué este enfoque funciona y la experiencia muestra resultados que han permitido estructurar la estrategia de la rueda de las emociones.

Analizaremos las cuatro emociones principales que conforman el núcleo de la rueda de las emociones: miedo, ira, tristeza y excitación, y que dan lugar a un morfotipo específico vinculado a tensiones musculares y tisulares. Estas tensiones resultan de la acción del cuerpo programada en respuesta a las emociones. También explican la facilidad con la que volvemos a caer en una emoción determinada porque la señal corporal vinculada a esa emoción persiste, ya que el cuerpo se construye en torno a la tensión que provoca. No entraremos en la neurofisiología de las emociones, sino que seguiremos siendo muy prácticos. Permíteme ilustrar esta teoría.

El miedo conduce generalmente a una acción de huida, de aturdimiento (Ohman y Mineka, 2001) o de lucha (esta última está vinculada a la ira en nuestro modelo, porque los músculos implicados en la lucha se encuentran en esta emoción). Por lo tanto, consideraremos que el miedo está vinculado corporalmente a la huida o a la sideración (parálisis).

Los músculos implicados en la huida incluyen principalmente los músculos de las piernas y los estabilizadores del tronco. El psoas, en particular, es un músculo muy solicitado en esta emoción. Cuando este músculo está demasiado solicitado sin la acción correspondiente, como ocurre a menudo en nuestra sociedad, permanece contraído. Esta tensión se acumula con el tiempo y acaba afectando a la postura. Una tensión excesiva en los músculos psoas puede provocar desequilibrios posturales y afectar a la distribución del peso corporal. El psoas es un músculo profundo que conecta la zona lumbar, la pelvis y el fémur. Actúa como flexor de la cadera y estabilizador del tronco.

Cuando los músculos psoas están crónicamente estirados o contraídos, pueden provocar la inclinación anterior de la pelvis, haciendo que esta se mueva hacia delante. Esta posición provoca un desplazamiento hacia delante del peso corporal, lo que aumenta la presión sobre las articulaciones de la cadera y las rodillas, así como sobre la columna lumbar (Kim, Chung *et al.*, 2006). Esta distribución desigual del peso también puede provocar un arqueamiento excesivo de la columna lumbar (hiperlordosis), que puede causar dolor a largo plazo y problemas posturales que incluso pueden desembocar en lumbalgia. Además del peso hacia delante, las personas que han acumulado miedo también separan demasiado las piernas, lo que contribuye a estabilizarlas, y por lo que he observado, sus pies suelen sobrepasar la anchura de la pelvis.

Con el tiempo, este desequilibrio impuesto por estos músculos, tensos por el miedo, se convierte en parte integrante de tu postura. A cambio, serás más sensible y reactivo al miedo porque los músculos que reaccionan ante él están constantemente preparados para movilizarse. Esto es similar a la teoría de Damasio sobre los marcadores somáticos (Damasio, 1996).

Mi hipótesis para explicar la sideración es que cuando los músculos ya no pueden soportar carga adicional durante una reacción al miedo, se congelan, un poco como ocurre cuando notas un calambre al intentar levantar más peso del que puedes. Esto sigue siendo una hipótesis, por supuesto.

Volvamos a la postura infundida por el miedo. Cuando el cuerpo se desequilibra hacia delante, debe encontrar una manera de equilibrarse de nuevo irguiéndose en algún momento. Como el miedo provoca la inclinación anterior de la pelvis, la lógica dictaría que para compensarla hubiera una inclinación de los hombros hacia atrás. Pero esta inclinación depende del trapecio, los pectorales, los romboides y el dorsal ancho, que son músculos que también están implicados en la expresión de la ira... Añade a los anteriores músculos: deltoides, flexores y extensores de la muñeca y el esternocleidomastoideo. Todos ellos harán que el torso se incline hacia atrás y se estire hacia arriba.

Nos encontramos entonces en una situación en la que una compensación postural del miedo puede provocar la aparición de ira por las mismas razones explicadas anteriormente... Con el añadido de un nuevo desequilibrio, que una vez más hará falta compensar.

El miedo hace que nos inclinemos hacia delante, pero no hacia abajo. Así que tendremos que compensar este desequilibrio irguiéndonos hacia arriba, un movimiento ligado a la ira que provocará inestabilidad en el tronco y el cuello. Para compensarlo, llevamos hacia atrás la cintura escapular haciendo que la cabeza caiga hacia delante, compensando la ira. Para hacer esto, necesitamos crear tensión tisular en el interior de la caja torácica para hacerla «colapsar». Esto hará que todo el cuerpo colapse hacia su centro.

Ahora bien, unos hombros caídos, una cabeza adelantada y un cuerpo que parece hundirse son manifestaciones de tristeza. Probablemente extrapolando, este colapso hace que la circulación sanguínea y linfática sea más complicada. El diafragma no puede bombear sangre y ello hace que el retorno venoso y linfático se vean reducidos. Por último, la forma de la caja torácica hace que la ventilación sea más corta y rápida, lo que disminuye la eficacia de la respiración. Todo esto puede potencialmente tener un impacto significativo en la actividad metabólica, que corresponde al estado letárgico de tristeza y depresión (esto ha sido descrito por McIntyre, Soczynska *et al.*, 2007).

La solución a este desequilibrio es la excitación (o la alegría, para mí es lo mismo). La excitación o la alegría es una emoción que tiende a abrir el cuerpo y a crear tensión en todos los tejidos superficiales, que se vuelven hiperreactivos.

Esto tendrá como efecto elevar la postura en general y desplazar el centro de gravedad ligeramente hacia arriba, creando inestabilidad. El metabolismo de las personas excitadas va a estar muy acelerado, lo que les supondrá un gran gasto de energía.

Así que tenemos que compensar esta inestabilidad, ¡lo que nos lleva de nuevo al miedo! Por eso lo llamo la rueda de las emociones. Estamos atrapados en esta rueda que sigue girando hasta que encontremos soluciones alternativas. Curiosamente, esto es similar a las etapas del duelo o a la visión que la medicina china tiene de las emociones.

Según la teoría de la rueda de las emociones, la mayoría de las personas compensan una emoción intensa con otra menos intensa, que condicionará en gran medida sus reacciones. Paradójicamente, cuanto más trabajan las personas en sí mismas, más girarán la rueda de las emociones y tendrán un sistema inestable. Si no encuentran la forma de estabilizarse o salir de la rueda, serán personas hiperemocionales que reaccionarán de forma inapropiada y con demasiada intensidad. Este problema se puede resolver muy fácilmente con el trabajo corporal. Las personas que ya no están en la rueda de las emociones suelen ser genios que se encuentran al más alto nivel en el deporte o la música.

No me extenderé más sobre cómo salir de la rueda, eso será objeto de otra publicación, pero utilizaré este modelo para ayudar a gestionar el estrés. Si las emociones influyen en nuestra parte de la postura, algunas de ellas mantendrán un estado activo de estrés, como el miedo, por ejemplo. Así que vamos a ver algunas técnicas para girar esta rueda.

«El trabajo de Yvan sobre las emociones me ha parecido muy interesante, pues su enfoque pragmático basado en la mecánica corporal y la biología nos permite entender nuestra relación con las emociones de una manera eficaz y no psicologizante».

MATTHIEU

Herramientas de gestión emocional

Para liberarse de la somatización emocional, vamos a ver varias técnicas corporales. Verás que la respiración está implicada en cada una de ellas. Esta implicación está ligada a dos propiedades que nos interesan: la primera es que la respiración permite, a través de la cadena muscular respiratoria, movilizar muchas más zonas internas y también llegar a importantes centros conectivos. En segundo lugar, la respiración nos permite actuar sobre el sistema nervioso autónomo, que es una de las vías por las que se produce la somatización.

El miedo

El miedo es la emoción más directamente implicada con el estrés, ya que indica un peligro al que debemos adaptarnos. Normalmente, la reacción al miedo es moverse, ya sea para huir o para luchar. Como es lógico, el miedo se localiza en las piernas y los estabilizadores del tronco para correr. Vamos a ver cómo deshacernos de él cuando permanece en el cuerpo. Suelo usar mucho este ejercicio, que está inspirado en el trabajo de Berceli (Berceli y Napoli, 2006), pero ampliado al tronco y sin preparación.

- Túmbate boca arriba con los brazos en un ángulo de cuarenta y cinco grados respecto al cuerpo y las palmas hacia arriba.
- Inspira por la nariz, y ve contrayendo el abdomen y estirando la cabeza.
- Espira por la boca.
- Acerca los talones a las nalgas, manteniendo los pies juntos.

- Separa las rodillas para que queden a unos cuarenta y cinco grados del suelo.
- En esta posición, intenta relajarte y siente que tus rodillas se sostienen al estar medio suspendidas y medio soportadas por tus piernas.
- A continuación, empieza a sacudir las piernas deliberadamente.
- Después de un rato, las sacudidas se volverán involuntarias.
- Deja que se produzcan y estira la columna vertebral para que notes sus efectos ascendiendo gradualmente por toda la espalda.
- Haz pausas regulares en las que te muevas y te estires.

A medida que practiques, notarás que tu cuerpo reacciona mucho menos al miedo.

Un segundo ejercicio sencillo que he desarrollado y que utilizo mucho es el de «caída». Este ejercicio te permite comprobar tu nivel de miedo, pero también te ayuda a reducirlo animándote a soltarlo.

Hazlo de la siguiente manera:

- En la cama o sobre una esterilla de yoga con un cojín blando para reposar la cabeza, siéntate con las piernas estiradas por delante de ti.
- Déjate caer completamente hacia atrás, manteniendo la barbilla inclinada hacia el pecho.
- Observa las sensaciones antes de la caída, durante la caída y cómo aterrizas. Si caes correctamente, tus piernas no deben levantarse, tu espalda debe redondearse y no debe haber impacto con el suelo.

- Si no es así, repite el ejercicio, centrando tu atención durante la caída en las zonas que se tensan e intentando mantenerlas relajadas.
- Practica este ejercicio durante unos cinco minutos.

La ira

La ira es una emoción que te empuja a actuar, a luchar. Por lo tanto, encontraremos activación de brazos, manos, hombros y parte superior del pecho. Vamos a eliminar la ira usando un simple movimiento: las flexiones. Sin embargo, también vamos a acompañar este movimiento con una inspiración completa y una espiración potente, para variar, ¡por la boca!

- Ponte en postura de la plancha. Si te resulta demasiado difícil, haz las flexiones de rodillas o de pie contra una pared. El objetivo no es hacer flexiones, sino estimular la zona de la ira.
- Respira profundamente y contén la respiración.
- Desciende lentamente en apnea total hasta que el pecho esté cerca del suelo.
- Espira tan fuerte como puedas por la boca, subiendo de golpe.
- Repite el ejercicio unas diez veces.

La tristeza

La tristeza es una emoción que ayuda a dejar de luchar. Corta la energía a las extremidades y nos vuelve a centrar en nosotros mismos. Se manifiesta por un hundimiento del tórax y una pérdida de sensibilidad y movilidad en el pecho y la garganta. Para permitir su evacuación, es preciso devolver la sensibilidad a la zona.

- Túmbate boca arriba.
- Coloca las manos planas sobre el pecho.
- Inspira por la nariz llenando bien tus pulmones. Notarás cómo se amplía tu caja torácica.
- Espira por la boca de forma entrecortada, como si estuvieras sollozando.
- Al espirar, deja que tus manos se hundan en el pecho.
- Respira así durante al menos diez minutos.

Durante este ejercicio, es posible que experimentes signos de tristeza, ganas de llorar o un nudo en la garganta. Deja que estas manifestaciones tengan lugar sin prestarles atención, y continúa con el ejercicio.

La excitación

La excitación es una emoción que motiva a la acción. Es un exceso de energía que se manifiesta principalmente en la superficie del cuerpo en su conjunto. Nos desharemos de ella en dos fases: primero con movimientos gimnásticos acompañados de respiraciones rítmicas y después utilizando apneas en vacío y apneas con los pulmones llenos de aire.

Para esta primera fase, vas a echar mano de la respiración rítmica durante toda la práctica:

- Prepara tu respiración rítmica unos veinte segundos antes de empezar.
- Encadena diez sentadillas haciéndolas tan rápido como puedas con una buena técnica. Si no puedes llegar hasta el suelo, no pasa nada.
- Luego, sin descanso, haz diez flexiones tan rápido como puedas. De nuevo, adáptalas a tu nivel.
- Termina con tres flexiones de pecho. Túmbate boca arriba y levanta el pecho hasta que la espalda quede perpendicular al suelo.
- Continúa respirando rítmicamente durante otros veinte segundos en reposo.

A continuación, túmbate para hacer la segunda parte del ejercicio:

- Inspira y contén la respiración durante unos diez segundos.
- Contrae ligeramente todo el cuerpo.
- Espira y aguanta unos segundos.
- Estira todo el cuerpo.
- Repite este ciclo durante unos cinco minutos.

Es importante hacer una ronda completa de estos ejercicios con regularidad. Con la práctica, te darás cuenta de que es menos probable que expreses estas emociones de manera intensa. Sin embargo, te sorprenderá ver que, regularmente, durante la práctica, se producen aumentos incontrolados de la emoción sin que te des cuenta.

«Lo más importante para resolver mi problema de estrés fue identificar el estado mental y emocional en el que me encontraba en ese momento. El método REBO2T me permitió empezar a saborear, descubrir, sentir y hacerme consciente del amplio abanico de emociones que podemos sentir a lo largo de nuestra vida. Una vez identificada la emoción predominante del momento, Yvan ha desarrollado una lógica de tratamiento utilizando nuestra estructura corporal y la respiración. El efecto es sencillamente asombroso...».

GREGORY, fisioterapeuta

IV
PROGRAMA REBO₂T ZEN DE TRES MESES

AHORA QUE CONOCEMOS TODAS LAS TÉCNICAS y la lógica del trabajo, vamos a ver un programa de tres meses para enseñarte a cambiar tu relación con el estrés. El objetivo es practicar durante unos treinta minutos al día, que potencialmente pueden dividirse en dos sesiones diarias.

No te excedas, el objetivo es mantener la práctica a lo largo del tiempo, no practicar durante varias horas una semana y luego dejarlo. Después de cada sesión, tómate tu tiempo para observar los cambios que sientes en tu cuerpo y la actividad mental. Observar e integrar estos cambios te permitirá constatar una transformación y te motivará a continuar. No dudes en tomar nota de tus sensaciones a lo largo del tiempo.

También te recomiendo que cada quince días completes una prueba de estrés como la Escala de Estrés Percibido de Cohen (Cohen, 1988) que aparece al inicio de este trabajo y anotes tu puntuación. Puedes encontrar fácilmente una versión en varios idiomas en la red. También puedes controlar tu estrés a diario en una escala de estrés percibido del uno al diez y observar las variaciones a lo largo del tiempo (¡y enviarme los resultados!).

Primer mes: recuperar la calma de forma ocasional

Es muy difícil cambiar la relación con el estrés en un cuerpo que ya está al límite de su capacidad de adaptación. Como hemos visto, el estrés crónico hace que el sistema simpático esté hiperactivo y el sistema parasimpático tenga dificultades para imponerse. Por lo tanto, esta fase es necesaria para llevar el cuerpo y el sistema nervioso autónomo, de forma puntual, a un nivel en el que sea posible un trabajo fundamental. Practicaremos cada día tres ejercicios respiratorios y un ejercicio que trabaje el comportamiento. Estos ejercicios variarán de una semana a otra.

Primera semana:

Ejercicio	Duración	Página
Respiración inversa de pie	5 minutos	98
Respiración explosiva	1 minuto de trabajo 1 minuto de descanso durante 5 minutos	99
Coherencia cardíaca	5 minutos	68

Puedes aislar la coherencia cardíaca del descanso. Practica preferentemente la respiración invertida antes de la respiración explosiva como calentamiento.

Durante esta semana, dedica un cuarto de hora a planificar un programa en el que reservarás media hora al día para practicar durante los próximos tres meses. Puedes dividirlo en dos sesiones de un cuarto de hora. Ser capaz de liberar este tiempo innegociable es un factor importante para el éxito de tu entrenamiento.

Así que esta semana dedicarás un cuarto de hora a practicar y un cuarto de hora a no hacer nada, sencillamente (ni leer, ni navegar por internet, ni ver la tele, nada...).

Segunda semana:

Ejercicio	Duración	Página
Encadenar «abrir y cerrar» y «el barril»	5 minutos (2,5 minutos cada uno)	103 104
Pensar en una situación frustrante y respiración rítmica	10 minutos	104
Respiración de la abeja	5 minutos	82

En el segundo ejercicio, piensa en una situación frustrante para ti. En cuanto se produzca la frustración, respira rítmicamente hasta que esa sensación desaparezca. Piensa de nuevo en la situación y comprueba si vuelve a surgir la frustración. Si es así, repite el ejercicio; si no, pasa a pensar en otra situación.

Además de estos ejercicios, anota las cosas cotidianas que te han causado estrés. Clasifícalas de más recientes a más antiguas y de menos intensas a más intensas. Dedica diez minutos al día a hacerlo esta semana.

Tercera semana:

Ejercicio	Duración	Página
Encadenar «abrir y cerrar» y «el barril»	5 minutos (2,5 minutos cada uno)	103 104
Encadenar 15 segundos de respiración rítmica, 30 segundos de explosiva, y luego 15 segundos de pausa	5 minutos	104 99
Respiración en 2/6	10 minutos	75

Además de estos ejercicios, añade quince segundos de respiración explosiva al final de cada hora del día. Esto te permitirá adquirir el hábito de utilizar esta respiración para eliminar la tensión que se acumule debido a los acontecimientos estresantes del día.

Por último, en los diez minutos restantes, anota las cosas que te han proporcionado placer. Ordénalas de las más recientes a las más antiguas y de las menos intensas a las más intensas. Tómate diez minutos al día para hacer esto esta semana.

Cuarta semana:

Ejercicio	Duración	Página
Encadenar «abrir y cerrar» y «el barril»	5 minutos (2,5 minutos cada uno)	103 104
Cuatro respiraciones	5 minutos	101

Ejercicio	Duración	Página
Liberar la tristeza	10 minutos	102
Respiración en 2/6/6	10 minutos	106

Esta semana mantén los quince segundos de respiración explosiva cada hora para seguir afianzando este hábito. Si estás pensando en hacerlo justo después de una situación estresante, no lo dudes.

Al final de la semana, rellena tu cuestionario.

Segundo mes: reconocer el estrés y sus manifestaciones para gestionarlo conscientemente

Tras finalizar el primer mes, deberías sentir un nivel de estrés más aceptable. Sin embargo, ten en cuenta que este estado no durará, pero será suficiente para pasar a la siguiente fase: trabajar en profundidad el estrés.

Esta nueva fase consiste en reconocer el estrés y saber cómo se manifiesta y por qué surge.

Comprender cómo funcionamos nos permite cambiar las cosas siendo conscientes de ellas.

En esta fase, no nos limitaremos a hacer sólo tres ejercicios a la semana, como el primer mes. El trabajo del primer mes nos ha permitido desarrollar los recursos básicos para ir más rápido y más lejos.

Durante este mes, empezaremos a eliminar el estrés en profundidad, y vamos a necesitar varios enfoques para lograrlo.

Primera semana:

Ejercicio	Duración	Página
Cuatro respiraciones	5 minutos	101
Apnea en vacío y explosiva	10 minutos	99
Respiración en 3/3/6/3	5 minutos	105

Practica la respiración explosiva durante diez segundos (un poco menos) cada hora del día. No dudes en hacerla justo después de una situación estresante.

Realiza el ejercicio de los porqués (pág. 121) tras lograr un estado adecuado para hacer un trabajo introspectivo (pág. 118). Utiliza tu lista de la segunda semana de las cosas que te han estresado como punto de partida. Practica durante diez minutos al día. Empieza a dibujar tu árbol de los porqués.

Segunda semana:

Ejercicio	Duración	Página
Liberar la tristeza	10 minutos	102
Respiración explosiva ante una situación estresante	5 minutos	99
Respiración 2/6 tumbado con las manos sobre los ojos	5 minutos	75

Pon en marcha la respiración explosiva en cuanto te sientas alterado (o justo después si estás en público...).

Realiza el ejercicio de los porqués (pág. 121), habiendo logrado primero un estado intenso de concentración (pág. 118).

Utiliza tu lista de la segunda semana de las cosas que te estresan como punto de partida. Practica diez minutos al día. Continúa añadiendo cosas a tu árbol de los porqués.

Tercera semana:

Ejercicio	Duración	Página
Cuatro respiraciones	1 minuto	101
Trabajar la excitación	10 minutos	137
Prolongar la respiración y masajear/movilizar las zonas en tensión	10 minutos	113
Respirar en 4/7/8	5 minutos	77

Inicia la respiración explosiva en cuanto aparezca una contrariedad (o inmediatamente después si estás en público...).

Realiza el ejercicio del árbol de los porqués (pág. 121), habiendo logrado primero un estado intenso de concentración (pág. 118). Utiliza tu lista de la segunda semana de las cosas que te han estresado como punto de partida. Practica durante diez minutos al día y sigue creando tu árbol.

Cuarta semana:

Ejercicio	Duración	Página
Cuatro respiraciones	1 minuto	101
Trabajar la excitación	5 minutos	137
Temblor	5 minutos	114
Hiperventilaciones	10 minutos	115

Practica la respiración explosiva en cuanto aparezca una contrariedad (o inmediatamente después si estás en público...).

Dedica diez minutos cada día de esta semana a dibujar tu árbol de los porqués. Al final de la semana, deberías tener un árbol que muestre tus principales motores de reacción y, por tanto, lo que subyace a tu estrés.

TERCER MES: REAJUSTAR TU RELACIÓN CON LOS FACTORES ESTRESANTES Y CONVERTIRTE EN RESILIENTE

La fase final consiste en cambiar nuestra relación con los estresores para que nos afecten cada vez menos. Es en esta fase cuando nuestra relación con el estrés cambia drásticamente.

Primera semana:

Ejercicio	Duración	Página
Encadenar «abrir y cerrar» y «el barril»	5 minutos	103 104
Apnea en vacío, seguida de una respiración explosiva (repetido 3 veces)	Aprox. 10 minutos	112
Contraer y soltar	5 minutos	114
Practicar «*Om*»	10 minutos	84

Observa los principales «nudos» de tu árbol que condicionan tus reacciones. Comprueba qué otras situaciones ocurren en estos mismos lugares. Practica durante diez minutos al día en un estado de intensa concentración.

Segunda semana:

Ejercicio	Duración	Página
Cuatro respiraciones	2 minutos	101
Hiperventilaciones	10 minutos	115
Temblor	5 minutos	114
Pensar en situaciones estresantes y liberar su carga emocional con la respiración rítmica	5 minutos	104

Pregúntate cómo podrías reaccionar ante una situación que te está estresando viéndola de modo que te condujera a un nudo diferente.

Practica este ejercicio durante diez minutos al día en un estado de concentración intensa.

Tercera semana:

Ejercicio	Duración	Página
Cuatro respiraciones	2 minutos	101
Hiperventilaciones	10 minutos	115
Trabajar la excitación	5 minutos	137
Respiración de la abeja	5 minutos	82

Aplica una nueva reacción a un problema recurrente tal y como lo has identificado utilizando el árbol de los porqués.

Cuarta semana:

Ejercicio	Duración	Página
Temblor	4 minutos	114
Trabajar la excitación	5 minutos	137
Caer	4 minutos	135
Practicar «*Om*»	8 minutos	84

Una vez hecho esto, no debes volver a caer en los malos hábitos. Esta fase sirve para mantener los logros que has conseguido en los últimos tres meses, o para ir aún más lejos. Eso es lo que veremos en la parte final de este libro.

IV
HIGIENE ANTIESTRÉS

UNA VIDA SIN ESTRÉS no es deseable. El estrés está ahí para ayudar a adaptarnos a las dificultades, así que es normal que lo experimentemos cuando tengamos que hacer algo que requiera esfuerzo. La clave está en poder controlarlo y que aparezca a un nivel adecuado cuando necesitamos actuar, aumentando nuestro rendimiento en lugar de inhibirnos.

Así que, una vez que hayas conseguido controlar tus niveles de estrés, es hora de centrarte en mantener y volver fácilmente a tu estado de calma. Esto implicará una «limpieza» en profundidad, ejercicios para limitar los efectos del estrés agudo, ejercicios de relajación y ejercicios de progresión para aumentar tu adaptabilidad al estrés. En esta fase, también puedes divertirte con los ejercicios clásicos del capítulo I, que podrás hacer sin ningún problema y que te aportarán todos sus beneficios.

Ejercicios de mantenimiento

El objetivo de estos ejercicios es eliminar las consecuencias del estrés diario y evitar que se acumule a lo largo de los días. Se trata de mantener una práctica diaria de unos quince minutos, repartidos a lo largo de la jornada. Cíñete a este horario una vez que hayas realizado el programa básico y dejarás de caer en una espiral de estrés crónico. Con el tiempo, puedes espaciar estos ejercicios de mantenimiento a una o dos veces por semana, y luego a una vez al mes. Te darás cuenta de cuándo estos ejercicios no tienen ningún efecto en ti.

El objetivo de esta fase es garantizar que tu cuerpo ya no tenga estrés acumulado. En ese momento, los ejercicios se vuelven innecesarios o, mejor dicho, se convierten en algo parecido a las revisiones anuales con un osteópata.

TEMBLOR

El ejercicio «temblor» también es un muy buen ejercicio de mantenimiento. Si quieres hacerlo todos los días durante cinco minutos, te sugiero esta pequeña variación.

- Túmbate y contrae todo el cuerpo en apnea en vacío durante diez segundos.
- Espira, empieza con una respiración explosiva ligera; agita y haz temblar las extremidades voluntariamente durante unos diez segundos.
- Respira con normalidad y estira ligeramente todo el cuerpo mientras permites cualquier temblor involuntario. Si aparecen, suéltalos hasta que desaparezcan y entonces vuelve a empezar. Si no desaparecen, inicia de nuevo el ejercicio igualmente.
- Practica de este modo durante unos cinco u ocho minutos.

Lo ideal es hacer este ejercicio todos los días antes de acostarse, por ejemplo. Pero también puedes hacerlo una vez a la semana y prolongarlo un poco más o practicar el ejercicio básico (pág. 114) durante un cuarto de hora.

Al final de esta variación del ejercicio, debes sentir que tu cuerpo pesa más y está más asentado en el suelo, y que tus pensamientos también están menos agitados.

Las cuatro respiraciones

Vimos las cuatro respiraciones en el capítulo II (pág. 101). Es interesante como ejercicio de mantenimiento en la medida en que crea una sensación de movilidad interna cuando se practica. Considéralo una sesión regular de estiramientos. Se puede practicar haciendo dos series de las cuatro respiraciones por la mañana y por la noche. Se tarda un máximo de dos o tres minutos por sesión.

Se puede añadir una variación útil: una respiración rítmica entre la respiración explosiva y la respiración del perro.

Te animo a que hagas este ejercicio de mantenimiento cada día.

Coherencia cardíaca

Hemos descrito el ejercicio de la coherencia cardíaca en el primer capítulo (pág. 68). Así que aquí simplemente voy a explicar algunas ligeras variaciones adaptadas a esta práctica de mantenimiento. Normalmente, la coherencia cardíaca debe practicarse tres veces al día durante cinco minutos para mantener los efectos a largo plazo. En nuestro caso, se trata simplemente de utilizarla para normalizar nuestra variablilidad en la frecuencia cardíaca y reducir el estrés tras los acontecimientos del día (Kim, Cheon *et al.*, 2018). Para ello, recomiendo hacer este ejercicio al llegar a casa después del trabajo.

Otro detalle importante en la práctica es mantenerse completamente dentro del volumen corriente pulmonar al inspirar y espirar, esto optimizará los efectos del ejercicio y el mantenimiento del equilibrio en el sistema nervioso autónomo.

Por último, si tu tolerancia a la disnea ha aumentado con la práctica, concéntrate en lograr un rebote entre las transiciones de inspiración y espiración. Para ello, al cabo de tres segundos de inspiración o espiración de cada cinco, deja de inspirar o espirar activamente para permitir el final del movimiento con el impulso. Esto provocará al final un rebote ligado a la elasticidad de los tejidos que te permitirá volver a empezar pasivamente en la otra fase del ciclo respiratorio. De este modo, no provocarás ningún estrés con tu técnica respiratoria.

Ejercicios de adaptación al estrés operativo

La adaptación al estrés puede gestionarse sobre el terreno, evitando que se acumule y, sobre todo, permitiéndote mantener tus capacidades operativas. En el método REBO2T, utilizamos tres técnicas respiratorias para gestionar el estrés vivo o estrés operativo. Se trata de la respiración de anclaje, la respiración rítmica y la respiración explosiva que ya hemos visto. Puedes ver vídeos de estas técnicas en mi canal de YouTube *Art de la respiration* o en mi sitio web artdelarespiration.fr.

La respiración de anclaje es la que debes usar siempre en situaciones de estrés y de esfuerzo físico o mental. Te ayudará a no dejarte abrumar y a mantener un estado neutro. La respiración rítmica se utiliza cuando nuestra mente o, en menor medida, nuestras emociones toman el control en forma de pico de estrés y queremos volver rápidamente al estado neutro. Por último, la respiración explosiva se utiliza cuando el estrés nos molesta físicamente y provoca todo tipo de tensiones en el cuerpo. Nos ayudará a movilizar las zonas tensas y a recuperar un estado neutro mientras actuamos.

La correcta ejecución de estas técnicas a medida que aparezca el estrés debería asegurar que se experimente una reducción significativa de la somatización en respuesta a dichas situaciones.

Respiración de anclaje

La respiración de anclaje es una técnica que no habíamos explicado. La usamos en el método REBO2T para mantener la estabilidad mental y física después de un esfuerzo. Podemos adaptarla a cualquier tipo de esfuerzo mediante un ajuste de la frecuencia respiratoria.

Para realizarla, haz lo siguiente:

- Inspira por la nariz.
- Mantén los labios fruncidos.
- Espira contra los labios, que dejan pasar el aire bajo presión, y ciérralos en cuanto la espiración ha terminado.
- Al igual que ocurre en la respiración explosiva y la rítmica, la inspiración por la nariz ocurrirá de forma natural tras el esfuerzo hecho al espirar.
- Adapta tu frecuencia respiratoria al nivel de esfuerzo, pero no cambies en ningún momento la intensidad de la espiración.

- Respira de este modo durante todo el tiempo que dure la actividad que te supone un esfuerzo.

La particularidad de esta técnica es que hay que adaptarla al esfuerzo. Si necesitas concentrarte para leer, por ejemplo, utilizarás una frecuencia baja, una respiración cada diez segundos. En cambio, si estás haciendo ejercicio, necesitarás respirar más deprisa, quizá una vez por segundo. Adáptate e intenta, en función del esfuerzo requerido, ajustar la frecuencia respiratoria para respirar más cómodamente. El *footing* nos brinda una excelente oportunidad para utilizar esta respiración.

Empieza a ponerla en práctica un poco antes de iniciar la actividad que te va a requerir esfuerzo y detente ahí. Comienza a hacer lo que sea que has de hacer y, al cabo de uno o dos minutos, detente. Verás que tu cuerpo sufrirá menos las consecuencias de la adaptación necesaria al esfuerzo que estás haciendo al reducir tu nivel de estrés y de fatiga.

Personalmente, es la respiración que hago siempre durante cualquier tipo de esfuerzo.

Respiración rítmica

Ya hemos visto la respiración rítmica en el capítulo II (pág 104). Habrás comprobado lo eficaz que es para bloquear el estrés y calmar las cavilaciones mentales que conducen a sufrirlo, así que no dudes en utilizarla en caso de estrés operativo o estrés agudo.

En cuanto sientas que una situación te provoca pensamientos agitados o empiezas a sentirte abrumado por las emociones, acude a la respiración rítmica, y mantenla hasta que sientas que has vuelto a un estado neutro.

No obstante, hacerla en un lugar público puede resultar embarazoso. Uno de mis instructores solía decir que esta respiración está bien hecha cuando es lo bastante ruidosa como para molestar a un vecino, pero lo suficientemente efectiva como para que ello no nos cause problemas de conciencia. No obstante, comprendo que es difícil practicarla en un entorno profesional.

De todas formas, con el tiempo podrás hacer una versión mucho más discreta y casi imperceptible que, aun así, seguirá siendo igual de eficaz. Sin embargo, mientras tanto, te recomiendo que, en cuanto te sientes muy estresado, busques un lugar en el que puedas estar solo para desactivar el estrés con la respiración rítmica y poder moverte todo lo que puedas mientras la haces.

Respiración explosiva

Ya hemos explicado también la respiración explosiva. Al igual que la respiración rítmica, debe iniciarse en cuanto sientas que tu cuerpo se tensa como reacción a una situación estresante, como sentir miedo de repente. Por ejemplo, si estás conduciendo y alguien te adelanta y te cierra el paso inesperadamente, mantén esta respiración hasta que desaparezca la sensación de tensión. Con el tiempo, este lapso será cada vez más corto.

Al igual que la respiración rítmica, la respiración explosiva a veces es difícil de practicar en público. Sin embargo, a diferencia de la respiración rítmica, la explosiva puede realizarse algún tiempo después del acontecimiento estresante y seguir siendo eficaz. Por eso, durante el programa de tres meses, tienes que practicar la respiración explosiva una vez cada hora.

En el contexto del deporte o del esfuerzo físico, es diferente: la respiración explosiva puede practicarse sin ningún problema. Los deportistas con los que trabajo la utilizan en partidos y competiciones. En los deportes en los que se entra y se sale a menudo del partido, como ocurre en el baloncesto, conviene practicarla en cuanto estás fuera del campo de juego o de la pista para recuperarse.

> «Este método de respiración del sistema REBO2T me permite poner músculos, tendones y, en general, todo mi cuerpo a punto para mis actividades físicas y/o deportivas. Es como si el cuerpo ya se hubiera calentado».
>
> Tony

Vincular

Éste es un ejercicio destinado a mejorar tu interocepción para que, en una situación de estrés, la conciencia de tus movimientos no se interponga en tu camino y perjudiquen tu acción autónoma. En este ejercicio vamos a combinar respiración y visualización para hacernos conscientes de todo nuestro cuerpo, tanto externa como internamente. Este ejercicio dura aproximadamente un cuarto de hora. Puede ser objeto de una sesión diaria por sí solo.

- Practica tumbado en el suelo.
- Inspira y espira por la nariz.
- Inspira mientras visualizas que el aire entra por el pie izquierdo y sube hasta la pelvis
- Luego espira visualizando cómo baja desde la pelvis hacia el pie derecho.
- Mientras sigues el camino del aire, visualiza que estás iluminando todas las zonas del cuerpo que recorre y mantén estas zonas «iluminadas».

- Inspira por el pie derecho y espira por el izquierdo.
- Refuerza la iluminación del camino.
- Inspira por el pie izquierdo hacia la pelvis.
- Espira desde la pelvis hasta la mano izquierda.
- Ilumina todas las zonas del cuerpo por las que pasa el aire.
- Repite el ejercicio inspirando ahora por el pie derecho y espirando por la mano derecha.
- Luego inspira por la mano derecha y espira por la mano izquierda.
- A continuación inspira por la mano izquierda y espira por la mano derecha.
- Continua inspirando por el pie izquierdo y espirando por la mano derecha.
- A continuación, inspira por el pie derecho y espira por la mano izquierda.
- Termina inspirando por la pelvis y espirando por el cráneo.
- Mantén la iluminación hasta el final y mantén la postura durante uno o dos minutos una vez completado el ejercicio.

Con el tiempo, sentirás una mayor integración corporal, lo que te ayudará a descansar mejor porque las tensiones mecánicas relacionadas con el estrés estarán distribuidas por todo tu cuerpo.

Ejercicios de relajación

Después de padecer un estrés intenso o de un periodo estresante, es buena idea dejar que tu cuerpo se relaje. De hecho, aunque hayas controlado el estrés operativo y hecho los ejercicios de mantenimiento con regularidad, puede que haya llegado el momento de decirle al cuerpo que puede descansar y que ya no necesita estar en estado de alerta permanente. Estos ejercicios te ayudarán a ello.

Puedes hacer uno de vez en cuando o realizar una sesión de unos cuarenta y cinco minutos.

APNEA TRAS LA INSPIRACIÓN Y RESPIRACIÓN EXPLOSIVA

Este primer ejercicio es muy eficaz para alcanzar un alto nivel de relajación con bastante rapidez. He aquí cómo hacerlo. Se tarda unos diez minutos.

- Túmbate.
- Inspira llenando de aire los pulmones.
- Aguanta la respiración en apnea.
- Trata de relajar el cuerpo alrededor de la presión ejercida por el aire en los pulmones.
- En cuanto dejes de sentirte cómodo, espira.
- Inicia la respiración explosiva (pág. 99) hasta que dejes de sentir los efectos de la apnea.
- Respira lentamente por la nariz.
- Repite tres veces cuando estés preparado.

Al final, observa tu cuerpo relajado y disfruta de unos instantes de tranquilidad antes de reanudar tus actividades.

HIPERVENTILACIONES

Este segundo ejercicio también es muy útil para relajar el cuerpo. No recomiendo hacerlo muy a menudo, pero va muy bien hacerlo de vez en cuando para calmar el cuerpo y la mente. El ejercicio dura entre quince y veinte minutos.

- Recomiendo hacerlo tumbado, pero también puedes hacerlo sentado (sólo asegúrate de no tener nada al lado con lo que puedas chocar).
- Inspira profundamente por la nariz.
- Espira pasivamente por la boca.
- Repítelo unas treinta veces.
- Después de treinta ciclos respiratorios, aguanta la respiración en apnea en vacío.
- Aguanta todo el tiempo que te sientas cómodo.
- A continuación, inspira completamente y aguanta la respiración durante unos veinte segundos.
- Vuelve a espirar y aguanta todo el tiempo que puedas cómodamente.
- Repite tres veces.

Las hiperventilaciones pueden causar parestesia en las extremidades, acúfenos transitorios u otros síntomas similares. Si esto ocurre y te resulta desagradable, simplemente respira con normalidad y espera a que cese el malestar. Estos fenómenos están relacionados con el ejercicio y basta respirar con normalidad para devolverte a un estado neutro.

Puedes intensificar los efectos de las hiperventilaciones inspirando por la boca.

Una vez más, cuando termines el ejercicio, tómate el tiempo necesario antes de reanudar tus actividades.

VISUALIZAR LA OLEADA DE DESCANSO

Este ejercicio es perfecto para terminar una sesión de relajación o después de hacer los dos ejercicios anteriores. Consiste en utilizar la respiración junto con la visualización para «desconectar» gradualmente el cuerpo, poco a poco. Dura entre diez y quince minutos. No dudes en poner música suave de fondo para ocupar tu mente.

- Túmbate boca arriba.
- Inspira y espira por la nariz.
- Al inspirar, visualiza un flujo de aire que entra por tus pies y sube hasta tu cabeza.
- Al espirar, visualiza que el aire hace el recorrido inverso desde la cabeza hasta salir por los pies, oscureciendo todo su trayecto.
- Repite el ejercicio hasta que ya no puedas «ver» ni ser consciente de tu cuerpo, ya que todo está «apagado».
- Practica durante al menos diez minutos.

No importa si te duermes durante el ejercicio. Y si hay zonas que se resisten a «desconectarse», visualízate inspirando y espirando a través de ellas, apagándolo todo por el camino.

EJERCICIOS PARA SEGUIR MEJORANDO NUESTRA RESPIRACIÓN

Como todas las reacciones de nuestro cuerpo, la respuesta al estrés puede entrenarse. La variabilidad de la frecuencia cardíaca, tal y como hemos visto, es un indicador de la capacidad de nuestro sistema nervioso autónomo para ponerse en tensión y volver rápidamente al estado neutro, que debería convertirse en el estado por defecto. Ésta es la habilidad que queremos desarrollar en esta sección. Los ejercicios que vamos a proponer a continuación son una buena base para este trabajo. Una vez más, puedes practicar uno de vez en cuando o planificar sesiones en las que hagas los tres. En este caso, dedícales aproximadamente una hora.

Respiración natural

La respiración natural suele ser la primera técnica que explico a mis alumnos, ya que es la base de una respiración capaz de realizar correctamente todas sus funciones. Aunque se trata de la respiración básica, no es fácil de practicar para la mayoría de la gente. Entre sus muchas ventajas, en términos de gestión del estrés, evita la ventilación torácica, que la mayoría de las veces conduce a un aumento de la frecuencia respiratoria y, en consecuencia, a una disminución de la variabilidad de la frecuencia cardíaca. También permite mantener una postura correcta, lo que limita los problemas mecánicos que pueden provocar estrés. Por lo tanto, tiene una función estabilizadora global.

Aquí simplemente te voy a dar las pautas para practicarla correctamente, pero puedes ver un vídeo de esta técnica en la página web artdelarespiration.fr y en mi canal de YouTube. Como se trata de una respiración que hay que utilizar todo el tiempo, se puede hacer tumbado, sentado o de pie.

- Inspira por la nariz, intentando relajarte al máximo.
- Deje que tu abdomen se llene completamente de aire incluyendo el estómago los costados y la espalda.
- Cuando te cueste demasiado inflar el abdomen, permite que la respiración abra las costillas y la caja torácica.
- Cuando te resulte difícil, deja que tu respiración suba hasta las clavículas, lo que provocará que tus hombros se inclinen hacia atrás si te mantienes lo más relajado posible.
- Al espirar, el abdomen se irá desinflando a medida que el diafragma se relaja.
- A continuación, permite que las costillas se reposicionen.
- Por último, deja que los hombros vuelvan a su posición original.
- Practica durante al menos cinco minutos.

El paso de una etapa a la siguiente debe ser continuo y fluido. Si no es así, estarás forzando la respiración, en lugar de relajar el tronco para permitir que la presión respiratoria coloque correctamente la respiración.

La respiración natural practicada de este modo es el primer paso hacia un cuerpo más resistente frente al estrés. Es la etapa mecánica. Una vez dominada, puedes practicarla durante el ejercicio respirar caminando (pág. 81) para mejorarla y acostumbrarte a utilizarla a diario.

2/6 y 6/2

La mecánica ventilatoria es sólo un aspecto del problema. Otro aspecto es la capacidad del sistema nervioso autónomo para desactivar el sistema simpático con facilidad y activar el parasimpático. De hecho, cuanto mejor puedas hacer esto, menos dificultad tendrás para adaptarte a una situación estresante y menos dificultad tendrás igualmente para regresar a un estado de calma.

El siguiente ejercicio, que alterna el 2/6 y el 6/2, es el que explico a mis alumnos cuando hablamos de controlar el sistema nervioso autónomo. Permite calmar en poco tiempo el sistema nervioso autónomo y luego llevarlo a un estado de estrés lo más rápido posible. De esta forma, aprenderás a pasar del modo calma al modo estrés en cuestión de minutos. El ejercicio dura aproximadamente un cuarto de hora.

- Haz el ejercicio sentado, inspirando y espirando por la nariz, sin forzar en ningún momento la respiración.
- Inspira en dos tiempos.
- Espira en seis tiempos.
- Repite el anterior ciclo respiratorio durante unos tres minutos.
- Observa cómo te sientes; deberías sentir que te relajas y que estás menos alerta.
- Continúa respirando siguiendo ahora esta pauta: inspira en seis tiempos y espira en dos tiempos.
- Practica durante unos dos minutos.
- Observa cómo te sientes y vuelve al patrón 2/6.
- Continúa el ejercicio y, en cuanto te sientas tranquilo, cambia al patrón 6/2. En cuanto sientas un estado de excitación, cambia al 2/6.
- Mientras practicas, observa que el tiempo necesario para cambiar de estado se acorta a medida que practicas.

Con la práctica, se establece una especie de condicionamiento que te permite estar en un estado de excitación o de calma en pocas respiraciones. A continuación, puedes añadir el ejercicio de la coherencia cardíaca para que puedas comprobar lo que experimentas en el ejercicio 2/6 y 6/2 con el estado neutro que te proporciona el de coherencia cardíaca. En general, ser capaz de hacer esto demuestra un aumento de la plasticidad del sistema nervioso autónomo. Esta adaptabilidad puede evaluarse mediante la medición de la variabilidad de la frecuencia cardíaca para obtener una medida objetiva de tu progreso.

Meditar visualizando la respiración

Hemos visto una práctica para mejorar nuestra adaptabilidad frente al estrés a través de la mecánica ventilatoria, hemos visto un ejercicio que entrena el sistema nervioso autónomo, ahora haremos uno para mejorar la capacidad cognitiva a fin de mantener la calma y no dejarse llevar. Esta práctica es una meditación en torno a la respiración. En general, cualquier práctica meditativa bien realizada ayuda a mantener la mente en calma, de modo que no nos estresemos por nada. Sin embargo, yo propongo aquí una única meditación, basada en la respiración. Debería durar entre diez minutos y un cuarto de hora como mínimo. He aquí cómo practicarla.

- Puedes practicar sentado o tumbado.
- Inspira y espira por la nariz.
- No intentes controlar la respiración. Deja que se produzca libremente.
- Observa tu respiración yendo y viniendo.
- Sigue su trayectoria.
- Siente su consistencia y temperatura al inspirar y espirar.

- Observa cómo tu cuerpo se abre y se cierra para dejar pasar el aire.
- No intentes juzgar la calidad de tu respiración, simplemente deja que suceda.
- Si tus pensamientos divagan, toma consciencia de ello y luego vuelve a tu respiración.

En este ejercicio, no intentes juzgar la calidad de tu práctica, límitate a observar cada vez con más precisión y más profundamente tu respiración. Intenta estar centrado por completo en tu respiración, y sólo en ella. De este modo, entrenarás a tu mente para que se concentre en una sola cosa a la vez y no divague sobre elementos potencialmente estresantes.

«Los ejercicios de visualización aportan
una increíble fluidez de movimientos
gracias a la conexión entre todo el cuerpo y la respiración.
Ya no es el cuerpo pesado y descoordinado (no nos damos cuenta)
el que se está moviendo hacia algo,
sino la intención de la respiración
que «lleva/tira» del cuerpo hacia el objetivo.
Es difícil de explicar, pero es una sensación increíble
que cambia por completo tu relación
con tu entorno y tu conexión con el mundo que te rodea».

FABRICE

EPÍLOGO

HEMOS LLEGADO AL FINAL DE ESTE LIBRO. Habrás podido comprobar que el estrés es un tema complejo y que pueden utilizarse un gran número de ejercicios para gestionarlo mejor. Es fácil perderse con tantas técnicas. Sin embargo, espero que, con la lectura de estas páginas y, sobre todo, a medida que practiques, comprendas cada vez mejor los principios en los que se basan estas técnicas y cuáles son las más eficaces en cada momento.

A lo largo de las distintas secciones, habrás podido familiarizarte con tu estrés, las razones de su presencia y las herramientas que necesitas para gestionarlo mejor. Como has visto, un enfoque global puede producir resultados sorprendentes que pueden perdurar en el tiempo.

La razón es que el estrés puede abordarse de varias maneras, pero, al final, sus consecuencias son siempre las mismas. Una vez que el cuerpo se ha limpiado del estrés crónico, su gestión diaria se vuelve mucho más fácil. Esto es especialmente cierto si puedes entender por qué una situación te estresa. De hecho, en nuestro entorno, es esta comprensión la que te permitirá activar un estado de estrés cuando lo necesites.

Creo que es una buena idea querer lidiar con tus niveles de estrés. De hecho, creo que todavía subestimamos el impacto del estrés crónico o agudo en la aparición de un buen número de enfermedades modernas. Ahora que conoces cómo puede aparecer el estrés y cuáles son sus consecuencias, también puedes imaginar el alcance del daño que puede causar si se descontrola durante demasiado tiempo. Sin embargo, una de mis hipótesis es que hay algo más grave que eso. El estrés cambia nuestra forma de respirar, y hemos visto que esto tiene un efecto en nuestro nervio vago, y por lo tanto, en nuestro sistema nervioso autónomo, e incluso en nuestro sistema nervioso central. Las consecuencias pueden coincidir con una serie de enfermedades atribuidas al estrés. Sin embargo, no creo que eso sea todo. Los aspectos ventilatorios y mecánicos de la respiración bajo estrés crónico también tienen graves consecuencias para nuestra salud. Desde un punto de vista musculoesquelético, por supuesto, pero también desde un punto de vista circulatorio, debido a una debilidad del diafragma, y desde el punto de vista de la hiperventilación crónica. Esto es algo que aún está muy poco estudiado, pero sería interesante incluir las patologías asociadas a este problema entre las probables consecuencias del estrés.

A lo largo del libro, habrás visto que existen muchas técnicas. Cada una tiene su propia razón de ser. Algunas son bien conocidas, otras se desarrollaron en respuesta a mi necesidad de activar ciertos mecanismos durante la práctica del método REBO2T. Podría pensarse que el gran número de técnicas aquí presentadas es exhaustivo, pero ni mucho menos. El estrés es sólo un ámbito muy reducido de aplicación de la respiración consciente y del método REBO2T. Por lo tanto, sólo hay una parte muy pequeña del repertorio de ejercicios que pueden practicarse para obtener una visión más amplia de la respiración consciente. La práctica de estas técnicas puede ser a veces sutil. Te animo a visitar el sitio web artdelarespiration.fr y la página asociada para encontrar vídeos técnicos adicionales en caso de que tengas alguna duda.

De este modo también podrás ponerte en contacto conmigo fácilmente para tratar de resolverlas. Y, por supuesto, para ir más lejos, te recomiendo que te inscribas en cursos o talleres del método REBO2T con los instructores o conmigo.

En el mundo de las artes marciales se dice que no se acude a ellas por las razones correctas. Lo mismo es aplicable para la práctica de la respiración consciente. Puedes encontrar una herramienta para resolver un problema. En este caso, resolver el estrés a través de la respiración es un punto de partida muy común. Así es como llegué yo mismo. Sin embargo, una vez resuelto el problema, es interesante llegar a ver el potencial que tiene para la salud, el bienestar y el estudio de uno mismo trabajar con la respiración consciente. Por eso es muy beneficioso continuar la práctica de los ejercicios respiratorios cuando el estrés se haya reducido considerablemente, sobre todo porque aumentaremos el autoconocimiento y podremos seguir explorando todo nuestro potencial.

Será entonces cuando descubras que la respiración no es sólo una herramienta, que forma parte de ti, y es un objeto de estudio que esconde múltiples sorpresas.

Te deseo una buena práctica, un estado de ánimo sereno y un soplo de curiosidad para ayudarte a reapropiarte de itu respiración!

¡Hasta pronto!

YVAN

BIBLIOGRAFÍA

Alcaino, C., K.R. Knutson, A.J. Treichel, G. Yildiz, P.R. Strege, D.R. Linden, J.H. Li, A.B. Leiter, J.H. Szurszewski, G. Farrugia y A. Beyder (2018). «A population of gut epithelial enterochromaffin cells is mechanosensitive and requires Piezo2 to convert force into serotonin release». *Proc. Natl. Acad. Sci. U.S.A.* 115(32): E7632-e7641.

Allard, E., E. Canzoneri, D. Adler, C. Morélot-Panzini, J. Bello-Ruiz, B. Herbelin, O. Blanke y T. Similowski (2017). «Interferences between breathing, experimental dyspnoea and bodily self-consciousness». *Sci. Rep.* 7(1): 9990.

Balban, M.Y., E. Neri, M.M. Kogon, L. Weed, B. Nouriani, B. Jo, G. Holl, J.M. Zeitzer, D. Spiegel y A.D. Huberman (2023). «Brief structured respiration practices enhance mood and reduce physiological arousal». *Cell. Rep. Med.* 4(1): 100895.

Baumeister, R.F. (1984). «Choking under pressure: Selfconsciousness and paradoxical effects of incentives on skillful performance». *Journal of Personality and Social Psychology* 46: 610-620.

Bechara, A., H. Damasio, D. Tranel y A.R. Damasio (1997). «Deciding advantageously before knowing the advantageous strategy». *Science* 275(5304): 1.293-1.295.

Berceli, D., y M. Napoli (2006). «A Proposal for a Mindfulness-Based Trauma Prevention Program for Social Work Professionals». *Complementary health practice review* 11(3): 153-165.

Bernard, C. (1898). *Introduction à l'étude de la médecine expérimentale*. París, C. Delagrave.

Bhavanani, A.B., M. Ramanathan, R. Balaji y D. Pushpa (2014). «Differential effects of uninostril and alternate nostril pranayamas on cardiovascular parameters and reaction time». *Int J Yoga* 7(1): 60-65.

Boiten, F.A., N.H. Frijda y C.J. Wientjes (1994). «Emotions and respiratory patterns: review and critical analysis». *Int. J. Psychophysiol* 17(2): 103-128.

Boulet, L.M., M.M. Tymko, A.N. Jamieson, P.N. Ainslie, R.J. Skow y T.A. Day (2016). «Influence of prior hyperventilation duration on respiratory chemosensitivity and cerebrovascular reactivity during modified hyperoxic rebreathing». *Exp. Physiol.* 101(7): 821-835.

Brown, R.P., y P.L. Gerbarg (2005). «Sudarshan Kriya yogic breathing in the treatment of stress, anxiety, and depression: part I-neurophysiologic model». *J. Altern. Complement. Med.* 11(1): 189-201.

Cannon, W.B. (1932). *The wisdom of the body*. Nueva York: W.W. Norton & Company.

—. (1929). *Bodily Changes in Pain, Hunger, fear and Rage* (2ª ed., revisada y ampliada). Nueva York: Appleton, Routledge.

—. (1987). «The James-Lange theory of emotions: a critical examination and an alternative theory. By Walter B. Cannon, 1927». *Am J Psychol* 100(3-4): 567-586.

Cohen, S. (1988). *Perceived stress in a probability sample of the United States*.

Cohen, S., C.M. Alper, W.J. Doyle, J.J. Treanor y R.B. Turner (2006). «Positive emotional style predicts resistance to illness after experimental exposure to rhinovirus or influenza a virus». *Psychosom. Med.* 68(6): 809-815.

Crum, A.J., P. Salovey y S. Achor (2013). «Rethinking stress: the role of mindsets in determining the stress response». *J. Pers. Soc. Psychol.* 104(4): 716-733.

Damasio, A.R. (1996). «The somatic marker hypothesis and the possible functions of the prefrontal cortex». *Philos. Trans. R. Soc. Lond. B. Biol. Sci.* 351(1.346): 1.413-1.420.

Deepeshwar, S., y R.B. Budhi (2022). «Slow yoga breathing improves mental load in working memory performance and cardiac activity among yoga practitioners». *Front. Psychol.* 13: 968858.

Endler, N.S., y N.L. Kocovski (2001). «State and trait anxiety revisited». *J. Anxiety Disord.* 15(3): 231-245.

Engel, G.L. (1977). «The need for a new medical model: A challenge for biomedicine». *Science* 196: 129-136.

Fredrickson, B.L. (2001). «The role of positive emotions in positive psychology. The broaden-and-build theory of positive emotions». *Am. Psychol.* 56(3): 218-226.

Furness, J.B. (2008). «The enteric nervous system: normal functions and enteric neuropathies». *Neurogastroenterol Motil.* 20 Suppl 1: 32-38.

Gerritsen, R.J.S. y G.P.H. Band (2018). «Breath of Life: The Respiratory Vagal Stimulation Model of Contemplative Activity». *Front. Hum. Neurosci.* 12: 397.

Hakked, C.S., R. Balakrishnan y M.N. Krishnamurthy (2017). «Yogic breathing practices improve lung functions of competitive young swimmers». *J. Ayurveda Integr. Med.* 8(2): 99-104.

Homma, I. (2010). «Breathing and Noh: emotional breathing». *Adv. Exp. Med. Biol.* 669: 337-340.

Jacobson, L. (2005). «Hypothalamic-pituitary-adrenocortical axis regulation». *Endocrinol. Metab. Clin. North Am.* 34(2): 271-292, vii.

James, W. (1884). «What is an Emotion?». *Mind* 9(34): 188-205.

Kannape, O.A. y O. Blanke (2012). «Agency, gait and self-consciousness». *Int. J. Psychophysiol.* 83(2): 191-199.

Kim, H.G., E.J. Cheon, D.S. Bai, Y.H. Lee y B.H Koo (2018). «Stress and Heart Rate Variability: A Meta-Analysis and Review of the Literature». *Psychiatry. Investig.* 15(3): 235-245.

Kim, H.J., S. Chung, S. Kim, H. Shin, J. Lee, S. Kim y M.Y. Song (2006). «Influences of trunk muscles on lumbarlordosis and sacral angle». *Eur. Spine* J 15(4): 409-414.

Kyrou, I., y C. Tsigos (2009). «Stress hormones: physiological stress and regulation of metabolism». *Curr. Opin. Pharmacol.* 9(6): 787-793.

Lazarus, R.S. (1966). *Psychological stress and the coping process.* Nueva York, McGraw-Hill.

—. (1984). *Stress, appraisal, and coping.* Richard S. Lazarus, Susan Folkman. Nueva York, Springer publishing company.

Lazarus, R.S., y C.W. Eriksen (1952). «Effects of failure stress upon skilled performance». *J. Exp. Psychol.* 43(2): 100-105.

Levine, P.A., y C. Sorensen (2017). *Waking the tiger : healing trauma.* Solon, Ohio, findaway World, LLC.

Madison, A.A., M. Renna, R. Andridge, J. Peng, M.R. Shrout, J. Sheridan, M. Lustberg, B. Ramaswamy, R. Wesolowski, N.O. Williams, A.M. Noonan, R.E. Reinbolt, D.G. Stover, M.A. Cherian, W.B. Malarkey y J.K. Kiecolt-Glaser (2023). «Conflicts hurt: social stress predicts elevated pain and sadness after mild inflammatory increases». *Pain.*

Maslow, A.H. (1954). «The instinctoid nature of basic needs». *J. Pers* 22(3): 326-347.

McEwen, B.S. (2004). «Protection and damage from acute and chronic stress: allostasis and allostatic overload and relevance to the pathophysiology of psychiatric disorders». *Ann. N.Y. Acad. Sci.* 1032: 1-7.

—. (2007). «Physiology and neurobiology of stress and adaptation: central role of the brain». *Physiol. Rev.* 87(3): 873-904.

McEwen, B.S., y E. Stellar (1993). «Stress and the Individual: Mechanisms Leading to Disease». *Archives of Internal Medicine* 153(18): 2093-2101.

McIntyre, R.S., J.K. Soczynska, J.Z. Konarski, H.O. Woldeyohannes, C. W. Law, A. Miranda, D. Fulgosi y S.H. Kennedy (2007). «Should Depressive Syndromes Be Reclassified as "Metabolic Syndrome Type II?"». *Ann. Clin. Psychiatry* 19(4): 257-264.

Mitchell, T.J. (1931). *Medical services: casualties and medicalstatistics of the Great War*, T.G. Mitchell y G.M. Smith. London, His Majesty's Stationery Office.

Nummenmaa, L., E. Glerean, R. Hari y J.K. Hietanen (2014). «Bodily maps of emotions». *Proc Natl Acad Sci USA* 111(2): 646-651.

Ohman, A., y S. Mineka (2001). «Fears, phobias, and preparedness: toward an evolved module of fear and fear learning». *Psychol. Rev.* 108(3): 483-522.

Park, C., J.D. Rosenblat, E. Brietzke, Z. Pan, Y. Lee, B. Cao, H. Zuckerman, A. Kalantarova y R.S. McIntyre (2019). «Stress, epigenetics and depression: A systematic review». *Neurosci. Biobehav. Rev.* 102: 139-152.

Peixoto, P., P.F. Cartron, A.A. Serandour y E. Hervouet (2020). «From 1957 to Nowadays: A Brief History of Epigenetics». *Int. J. Mol. Sci.* 21(20).

Philippot, P., G. Chapelle y S. Blairy (2010). «Respiratory feedback in the generation of emotion». *Cognition & Emotion* August 01: 605-627.

Sapolsky, R.M., L.M. Romero y A.U. Munck (2000). «How do glucocorticoids influence stress responses? Integrating permissive, suppressive, stimulatory, and preparative actions». *Endocr. Rev.* 21(1): 55-89.

Schleifer, L.M., R. Ley y T.W. Spalding (2002). «A hyperventilation theory of job stress and musculoskeletal disorders». *Am. J. Ind. Med.* 41(5): 420-432.

Selye, H. (1975). «Confusion and controversy in the stress field». *J. Human Stress* 1(2): 37-44.

—. (1998). «A syndrome produced by diverse nocuous agents. 1936». *J. Neuropsychiatry Clin. Neurosci.* 10(2): 230-231.

Suls, J., y J. Bunde (2005). «Anger, anxiety, and depression as risk factors for cardiovascular disease: the problems and implications of overlapping affective dispositions». *Psychol. Bull.* 131(2): 260-300.

Szabo, S., Y. Tache y A. Somogyi (2012). «The legacy of Hans Selye and the origins of stress research: a retrospective 75 years after his landmark brief "letter" to the editor# of Nature». *Stress* 15(5): 472-478.

Thayer, J.F., A.L. Hansen, E. Saus-Rose y B.H. Johnsen (2009). «Heart rate variability, prefrontal neural function, and cognitive performance: the neurovisceral integration perspective on self-regulation, adaptation, and health». *Ann. Behav. Med.* 37(2): 141-153.

Trudel-Fitzgerald, C., R. Chen, L.O. Lee y L.D. Kubzansky (2022). «Are coping strategies and variability in their use associated with lifespan?». *J. Psychosom. Res.* 162: 111035.

Walker, P. (2013). *Complex PTSD: from surviving to thriving.* [Lafayette, CA], Azure Coyote.

editorial **K**airós

Puede recibir información sobre
nuestros libros y colecciones inscribiéndose en:

www.editorialkairos.com
www.editorialkairos.com/newsletter.html

Numancia, 117-121 • 08029 Barcelona • España
tel. +34 934 949 490 • info@editorialkairos.com